U0204241

山西省高等教育“1331工程”提质增效建设计划
服务转型经济产业创新学科集群建设项目系列成果

国家自然科学基金项目（72103113）资助

大气污染联防联控的成本效益研究

——以京津冀及周边地区为例

朱治双 ◎ 著

Cost-benefit Study on Joint Prevention and Control of Air Pollution: A Case Study of Beijing-Tianjin-Hebei and Its SURROUNDING AREAS

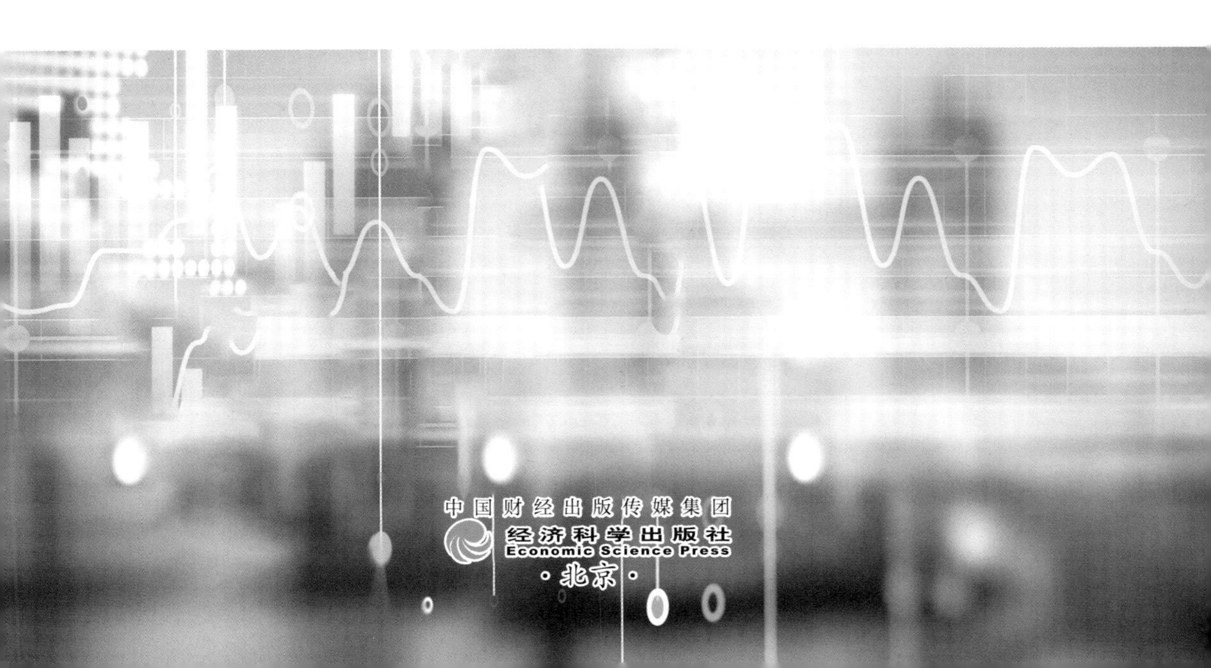

中国财经出版传媒集团
经济科学出版社
Economic Science Press
·北京·

图书在版编目（CIP）数据

大气污染联防联控的成本效益研究：以京津冀及周边地区为例/朱治双著. --北京：经济科学出版社，2024. 9

ISBN 978-7-5218-5301-8

Ⅰ. ①大… Ⅱ. ①朱… Ⅲ. ①空气污染-污染防治-成本管理-研究-华北地区 Ⅳ. ①X51

中国国家版本馆 CIP 数据核字（2023）第 199735 号

责任编辑：常家凤
责任校对：齐　杰
责任印制：邱　天

大气污染联防联控的成本效益研究
——以京津冀及周边地区为例
DAQI WURAN LIANFANG LIANKONG DE CHENGBEN XIAOYI YANJIU
——YI JINGJINJI JI ZHOUBIAN DIQU WEILI
朱治双　著
经济科学出版社出版、发行　新华书店经销
社址：北京市海淀区阜成路甲 28 号　邮编：100142
总编部电话：010-88191217　发行部电话：010-88191522
网址：www. esp. com. cn
电子邮箱：esp@ esp. com. cn
天猫网店：经济科学出版社旗舰店
网址：http：//jjkxcbs. tmall. com
固安华明印业有限公司印装
710×1000　16 开　11. 75 印张　200000 字
2024 年 9 月第 1 版　2024 年 9 月第 1 次印刷
ISBN 978-7-5218-5301-8　定价：68. 00 元

山西省高等教育“1331工程”提质增效建设计划
服务转型经济产业创新学科集群建设项目系列成果
编委会

总 序

山西省作为国家资源型经济转型综合配套改革示范区，正处于经济转型和高质量发展关键时期。山西省高等教育“1331 工程”是山西省高等教育振兴计划工程。实施以来，有力地推动了山西高校“双一流”建设，为山西省经济社会发展提供了可靠的高素质人才和高水平科研支撑。本成果是山西省高等教育“1331 工程”提质增效建设计划服务转型经济产业创新学科集群建设项目系列成果。

山西财经大学转型经济学科群立足于山西省资源型经济转型发展实际，突破单一学科在学科建设、人才培养、智库平台建设等方面无法与资源型经济转型相适应的弊端，构建交叉融合的学科群体系，坚持以习近平新时代中国特色社会主义思想为指导，牢牢把握习近平总书记关于“三新一高”的重大战略部署要求，深入贯彻落实习近平总书记考察调研山西重要指示精神，努力实现“转型发展蹚新路”“高质量发展取得新突破”目标，为全方位推动高质量发展和经济转型提供重要的人力和智力支持。

转型经济学科群提质增效建设项目围绕全方位推进高质量发展主题，着重聚焦煤炭产业转型发展、现代产业合理布局和产学创研用一体化人才培育，通过智库建设、平台搭建、校企合作、团队建设、人才培养、实验室建设、数据库和实践基地建设等，提升转型经济学科群服务经济转型能力，促进山西省传统产业数字化、智能化、绿色化、高端化、平台化、服务化，促进现代产业合理布局集群发展，推进山西省产业经济转型和高质量发展，聚焦经济转型发展需求，以资源型经济转型发展中重大经济和社会问题为出发点开展基础理论和应用对策研究，力图破解经济转型发展中的重大难题。

山西省高等教育“1331 工程”提质增效建设计划服务转型经济产业创新学科集群建设项目系列成果深入研究了资源收益配置、生产要素流动、污染防控的成本效益、金融市场发展、乡村振兴、宏观政策调控等经济转型中面临的重大经济和社会问题。我们希望通过此系列成果的出版，为山西省经济转型的顺利实施作出积极贡献，奋力谱写全面建设社会主义现代化国家山西篇章！

编委会

2023 年 6 月

前　言

化石能源的大规模使用在促进我国经济快速发展的同时，也带来了严重的大气污染。京津冀及周边地区由于产业结构偏重、能源结构偏煤的特点成为我国大气污染较严重的区域。面临严峻的空气污染形势，国务院于2013年9月印发《大气污染防治行动计划》，提出建立京津冀区域大气防治协作机制，随后生态环境部确定以京津冀大气污染传输通道城市（“2+26”城市）为重点治理对象，实施区域大气污染联防联控。

目前，关于大气污染防治政策的成本效益评估尚未形成统一的分析框架，有待进一步深入研究。本书以京津冀大气污染通道城市为研究对象，构建科学全面的大气污染防治政策成本效益分析框架，开展京津冀及周边地区大气污染联防联控成本效益评估，旨在为相关部门进一步完善大气污染防治政策提供决策参考。

本书的特点如下：（1）多角度考察京津冀及周边地区大气污染防治政策的效果。既考虑大气污染防治政策与空气质量改善的直接影响，又考察大气污染防治政策可能导致的污染产业转移现象，突破以往大多数研究仅从静态和局部评价大气污染防治政策的局限性，更加科学、全面地评价大气污染防治政策的效果。（2）大气污染防治政策的效益测算更加科学全面。不仅测算大气污染防治政策的健康效益，而且讨论大气污染防治政策带来的其他社会经济效益。（3）从城市层面测算京津冀及周边地区大气污染防治政策的成本。现有研究同时开展大气污染防治政策的成本效益分析并不多见，其主要原因是大气污染防治的成本数据较难获取。本书全面收集京津冀及周边地区“2+26”城市的大气污染防治措施数据，从城市层面测算主要大气污染防治措施的成本，得到的结论更加精细化，能够为大气污染防治工作提供更具针对性的参考价值。

本书的写作过程中，参考了大量国内外文献，特向有关作者表示感谢！

本书的内容及研究观点完全由本书的著者负责。限于著者的知识水平和学术能力，书中难免存在错漏之处，恳请各位读者批评指正。

朱治双

2024 年 9 月

目　录

第一章　绪　论

第一节　研究背景

一、我国空气污染形势严峻且存在明显的空间异质性

化石燃料的大规模使用在促进我国经济增长的同时，也带来了严重的空气污染。面对严峻的空气污染形势，党的十八大以来，我国持续开展大气污染防治行动，空气质量得到极大改善。接下来，我们简要说明我国大气污染状况及其治理成效。

根据2012年2月发布的《环境空气质量标准》（GB3095—2012），2013年，74个第一阶段监测实施城市中，仅有海口、舟山、拉萨三个城市空气质量达标，占4.1%。不达标比例为95.9%。74个城市平均达标天数占比为60.5%，超标天数为39.5%。2013年，全国平均霾天数为35.9天，为1961年以来之最。其中，华北中南部和江南北部大部分地区霾天数为50~100天，部分城市超过100天。[①]

空气质量在区域间存在巨大差异。从三大重点区域来看，2013年，京津冀地区和珠三角地区所有城市的空气质量均不达标，长三角区域中仅有舟山一个城市达标。相比较而言，京津冀区域的空气污染最为严重，珠三

---

① 环境保护部，国家质量监督检验检疫总局．环境空气质量标准：GB 3095－2012［S］．北京：中国环境科学出版社，2012.

角区域空气污染最轻。2013 年，京津冀区域 13 个城市的达标天数比例平均为 37.5%，重度及以上污染天气比例为 20.7%；长三角区域 25 个城市的达标天数比例平均为 64.2%，重度及以上污染天气比例为 5.9%；珠三角区域 9 个城市的达标天数比例平均为 76.3%，重度及以上污染天气比例为 0.3%。[①]

严峻的空气污染形势促使我国政府采取强有力的对策治理空气污染。2013 年 10 月，国务院印发《大气污染防治行动计划》，提出到 2017 年，全国地级及以上城市可吸入颗粒物（PM_{10}）浓度较 2012 年下降 10% 以上，优良天数逐年提高的目标。京津冀、长三角、珠三角区域细颗粒物（$PM_{2.5}$）浓度分别下降 25%、20%、15%，北京市 $PM_{2.5}$年均浓度控制在 60μg/m^3左右。[②] 为了实现空气质量改善的目标，《大气污染防治行动计划》提出了优化产业结构、调整能源结构等十条举措。因此，《大气污染防治行动计划》又被称为《大气十条》。

经过近 5 年的治理，《大气十条》提出的空气质量改善目标全面实现。《2017 中国生态环境状况公报》的数据显示，2017 年，全国 338 个地级及以上城市 PM_{10}年平均浓度比 2013 年下降了 22.7%；京津冀、长三角、珠三角区域 $PM_{2.5}$浓度较 2013 年分别下降了 39.6%、34.3%、27.7%；北京市 $PM_{2.5}$平均浓度从 2013 年的 89.5 微克/立方米下降到 2017 年的 58 微克/立方米，实现了将 $PM_{2.5}$浓度控制在 60 微克/立方米左右的目标。[③]

为了有效衔接"十三五"规划中对于环境空气质量的要求，保证大气污染防治的常态化，国务院于 2018 年印发《打赢蓝天保卫战三年行动计划》（以下简称《三年行动计划》），对 2018 ~2020 年的大气污染防治工作进行部署。《三年行动计划》指出，到 2020 年，二氧化硫（SO_2）、氮氧化物（NOx）排放总量比 2015 年下降 15% 以上，$PM_{2.5}$未达标城市浓度比 2015 年下降 18% 以上。地级市及以上城市空气优良天数占比达 80% 以上，重度及以上污染天气占比比 2015 年下降 25% 以上。[④] 2020 年《全国

---

① 环境保护部.2013 中国环境状况公报［R］. 北京：中华人民共和国环境保护部，2014.

② 国务院. 大气污染防治行动计划［EB/OL］.（2013 -09 -10）［2023 -10 -08］. https：//www.gov.cn/gongbao/content/2013/content_2496394.htm.

③ 生态环境部.2017 中国生态环境状况公报［R］. 北京：中华人民共和国生态环境部，2018.

④ 国务院. 打赢蓝天保卫战三年行动计划［EB/OL］.（2018 -06 -27）［2023 -10 -08］. https：//www.gov.cn/gongbao/content/2018/content_5306820.htm.

生态环境质量简况》和 2015 年《中国环境状况公报》的数据显示：2020 年，全国 337 个地级及以上城市，平均优良天数比例为 87.0%，较 2015 年增加 10.3 个百分点；空气达标的城市的比例为 59.9%，较 2015 年增加 38.3 个百分点。[①②]

尽管“十三五”时期我国污染防治攻坚战取得圆满胜利，但是，重点区域、重点行业的污染问题仍然突出。2020 年，全国仍有 125 个城市 $PM_{2.5}$ 年均浓度超标，$PM_{2.5}$ 污染尚未得到根本性控制。臭氧浓度呈缓慢升高趋势，成为仅次于 $PM_{2.5}$ 影响空气质量的重要因素。2021 年 11 月，中共中央、国务院印发《关于深入打好污染防治攻坚战的意见》，提出要坚持方向不变、力度不减，巩固拓展“十三五”时期污染防治攻坚成果，接续攻坚、久久为功，并提出到 2025 年，地级及以上城市 $PM_{2.5}$ 浓度较 2020 年下降 10%，空气质量优良天数比率达到 87.5% 的目标。“十四五”时期，我国大气污染防治呈现以下三个特点：一是坚持贯彻和深化区域大气污染联防联控联治，推动重点区域空气质量持续改善；二是坚持 $PM_{2.5}$ 和臭氧协同控制，深入打好蓝天保卫战；三是将减少碳排放和减少空气污染协同起来，坚持减污降碳协同增效。2022 年，全国 339 个地级及以上城市中，空气质量达标为 213 个，占 62.8%，较 2020 年增加 2.9 个百分点；空气质量超标的城市有 126 个，占比 37.2%，较 2020 年下降 2.9 个百分点；优良天数比例为 86.5%，较 2020 年下降 0.5 个百分点；$PM_{2.5}$ 年均浓度为 29 微克/立方米，较 2020 年下降 4 微克/立方米，下降比例为 12.1%。[③]

二、京津冀及周边地区空气污染最为严重

生态环境部网站显示，2017 年，京津冀及周边地区土地面积仅占全国土地面积的 7.2%，消耗了全国 33% 的煤炭，生产的钢铁、焦炭、平板玻璃和水泥数量占全国的比重分别为 43%、45%、31% 和 19%，大气污染物排

① 生态环境部. 2020 年全国生态环境质量简况 [EB/OL]. (2021-03-02) [2023-10-08]. https://www.mee.gov.cn/xxgk2018/xxgk/xxgk15/202103/t20210302_823100.html.

② 环境保护部. 2015 中国环境状况公报 [R]. 北京：中华人民共和国环境保护部，2016.

③ 生态环境部. 2022 中国生态环境状况公报 [R]. 北京：中华人民共和国生态环境部，2023.

放强度是全国平均水平的4倍以上。① 产业结构偏重、能源结构偏煤的现状导致京津冀及周边地区成为我国主要区域中空气污染最严重的城市。

2013年，京津冀地区达标天数比例平均为37.5%，分别比长三角、珠三角地区达标天数比例低24.7个百分点和38.8个百分点。同时，京津冀地区的重度及以上污染天气比例为20.7%，而同期长三角和珠三角地区重度及以上污染天气比例分别仅有5.9%和0.3%。② 2013年空气质量最差的10个城市中，除西安外，其他9个城市均位于京津冀及周边地区，分别为邢台、石家庄、邯郸、唐山、保定、济南、衡水、廊坊和郑州。

面对京津冀地区严峻的空气污染形势，2013年国务院印发了《大气污染防治行动规划（2017—2021年）》，提出建立京津冀区域大气防治协作机制。为使大气污染防治政策更具针对性，大气污染防治协作小组和生态环境部先后提出京津冀大气污染防治核心区（“2+4”核心区）和京津冀大气污染传输通道城市携手防治（“2+26”通道城市），从城市层面联防联控空气污染。此外，为了有效应对秋冬季重污染天气，2017年12月，十部委联合印发《北方地区冬季清洁取暖规划（2017—2021年）》，2017年开始环境保护部连续三年印发《京津冀及周边地区秋冬季大气污染综合治理攻坚行动方案》。2018年7月，国务院发布《打赢蓝天保卫战三年行动计划》，制定“十三五”后期的空气污染治理目标。

经过近些年的大气污染治理，京津冀及周边地区空气质量明显提升。2020年，京津冀及周边地区空气优良天数比例平均为63.5%，较2013年增加26个百分点。重度及以上污染天气比例为5.5%，较2013年减少15.2个百分点。2013年，北京市达标天数比例为48.0%，重度及以上污染天数比例为16.2%。2020年，北京优良天数比例上升为75.4%，且无严重污染天气出现。③

尽管京津冀及周边地区空气质量得到明显改善，但是与其他区域相比，京津冀及周边地区的空气质量仍是最差的，空气优良天数比例比汾渭平原、

---

① 生态环境部．专家解读《打赢蓝天保卫战三年行动计划》［EB/OL］．（2018－07－05）［2020－11－20］http：//www.gov.cn/zhengce/2018－07/06/content_5303964.htm.

② 环境保护部．2013中国环境状况公报［R］．北京：中华人民共和国环境保护部，2014.

③ 生态环境部．2020中国生态环境状况公报［R］．北京：中华人民共和国环境保护部，2021.

长三角地区分别低 7.1 个百分点和 21.7 个百分点。2020 年，168 个重点城市空气质量排名最差的 20 个城市中，除咸阳和渭南外，均位于京津冀及周边区域。2022 年，京津冀及周边地区“2 +26”城市空气质量优良天数比例为 66.7%，较 2020 年增加 3.2 个百分点；$PM_{2.5}$年均浓度为 44 微克/立方米，较 2020 年下降 7 微克/立方米，下降比例为 13.7%。尽管京津冀及周边地区的空气质量不断改善，但是 2022 年，该地区的优良天数比例比全国平均低 19.8 个百分点，$PM_{2.5}$年均浓度比全国平均高出 51.7%。① 可以说，京津冀及周边地区仍然作为我国空气污染最严重的区域这一现状并没有改变，未来京津冀及周边地区大气污染防治仍然是我国空气污染治理中的重中之重。

三、大气污染对居民健康产生了严重威胁

大气污染给居民健康带来了严重的威胁。2020 年，默里等（Murray et al.）在《柳叶刀》期刊上发表文章，认为暴露于空气污染中会增加心血管疾病和呼吸系统疾病的发病率和死亡率，并且这是造成全球疾病负担的主要因素。2019 年，空气污染导致全球 667 万人死亡，占全球死亡人数的 11.8%，在全球死亡风险因素上排在第四名。从病因层面看，因心脑血管疾病死亡的人数最多，占因空气污染死亡总人数的 52.8%。其次为慢性呼吸道疾病，占比为 20.2%，因空气污染导致的死亡病因占比情况如图 1.1 所示。动态来看，1990 ~2019 年，因空气污染导致的全球死亡人数呈现上升趋势，从 1990 年的约 350 万人数上升到 2019 年的 667 万人，增加了约 90%（Murray，2020）。

中国是受大气污染影响最大的国家。一些学者研究了北方冬季供暖政策对健康的影响。范等（Fan et al.，2020）研究发现，燃煤供暖使得周空气质量指数增加了 36%（空气质量指数是衡量空气质量的常用指标，空气质量指数越大，表明空气质量越差），由此导致周死亡人数额外增加 14%，主要是由心肺疾病引起的老年人死亡。平均而言，空气质量指数每增加 10

① 生态环境部. 2022 中国生态环境状况公报 [R]. 北京：中华人民共和国生态环境部，2023.

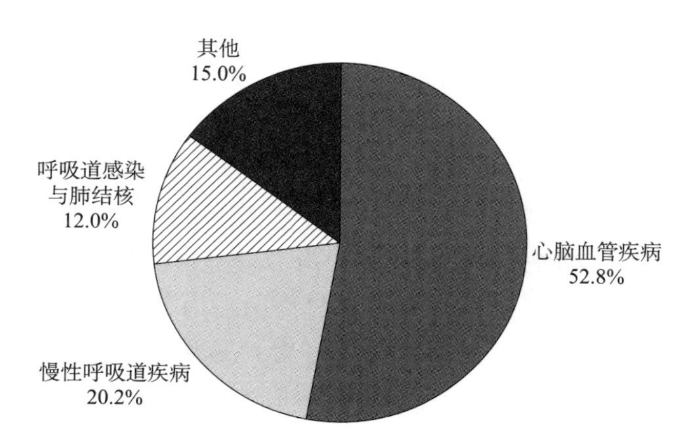

图 1.1　2019 年全球因空气污染导致的死亡病因

资料来源：Murray C J，Aravkin A Y，Zheng P，et al. Global burden of 87 risk factors in 204 countries and territories，1990－2019：a systematic analysis for the Global Burden of Disease Study 2019［J］. The Lancet，2020，396（10258）：1223－1249.

个点，周死亡率增加 2.2%。受收入水平低、大气污染信息获取渠道有限以及更长的户外劳作时间等因素的影响，农村居民比城镇居民更易受到大气污染的影响。陈硕和陈婷（2014）的研究表明，二氧化硫每增加 100 万吨，万人中死于呼吸系统疾病和肺癌的人数将分别增加 0.5 人和 0.3 人，由此导致的医疗费用超过 3000 亿元/年。陈等（Chen et al.，2013）和埃本斯坦等（Ebenstein et al.，2017）研究了长期暴露在大气污染物中对死亡率的影响。陈等（2013）指出，秦岭—淮河以北地区长期采用煤炭取暖，造成的大气污染使得北方地区人均寿命减少 5.5 年。埃本斯坦等（2017）发现，集中供暖政策会导致我国北方地区 PM_{10} 浓度增加 46%，并通过增加心肺死亡率导致北部预期寿命降低 3.1 年。

大气污染除了影响人的身体健康外，还会影响人的心理健康。研究表明，大气污染物，尤其是 $PM_{2.5}$，吸入人体后会诱发脑组织的氧化应激反应和炎症，进而产生抑郁、焦虑和认知功能障碍等心理疾病（Sorensen et al.，2003）。大气污染除了直接影响心理健康外，还可以通过其他渠道间接影响心理健康。例如，大气污染会诱发呼吸道疾病和心脑血管疾病，这些疾病会进一步使人产生焦虑、抑郁等心理疾病。陈等（Chen et al.，2018）利用中国家庭追踪调查数据，研究发现暴露于更高水平的 $PM_{2.5}$ 会增加患有精神疾病的可能性，证实了大气污染与精神健康之间的流行病学联系，每年导致228.8亿美元的健康损失。

大气污染对不同人群的健康影响存在异质性。研究发现，怀孕期间或者婴儿期间暴露在污染严重的空气中对个人的成长会带来长期的负面影响，如婴儿死亡率高、神经发育不良、受教育水平差、收入水平低等（Chay and Michael，2003；Currie and Neidell，2005；Currie et al.，2009；Currie and Walker，2011；Knittel et al.，2011；Isen et al.，2017；Heft-Neal et al.，2018）。也有研究表明，大气污染对老年人的健康影响较大（Deryugina et al.，2019；Fan et al.，2020）。

除了影响身体健康外，大气污染还会影响人的行为选择。大气严重污染时，人们会减少出行（Moretti and Neidell，2011），学生会增加逃课概率（Chen et al.，2018）；人们会避开在污染严重区域购房，从而使得该类区域房价下降（Davis et al.，2011；Currie et al.，2015）；空气污染会增加药品和健康合同的购买支出（Deschenes et al.，2017；Chang et al.，2018）；大气污染会增加暴力犯罪的概率（Burkhardt et al.，2019）。

四、大气污染防治政策的成本效益评估研究有待进一步深化

通过前面的分析，我们可以发现，大气污染防治政策能够提升空气质量，但是定量化大气污染防治政策效果方面的研究还存在不足。很多政策文件和研究仅简单地比较政策前后空气质量的变化以评估大气污染防治政策的效果，将一段时间内空气质量的变化全部归结于大气污染治理政策（王振波等，2017；何伟等，2019）。这一方法简单易行，但没有控制影响空气质量的其他因素（如天气、是否位于供暖期等），无法剥离空气质量变化的固有趋势，缺乏大气污染防治政策与空气质量变化之间因果关系的科学识别。有效识别区域联防联控机制与空气质量之间的因果关系是评估京津冀大气污染联防联控机制改善空气质量效果的关键。具体而言，至少需要回答如下问题：京津冀及周边地区空气质量改善有多大程度归因于大气污染联防联控政策？这些政策治理空气污染的动态效果以及异质性影响如何？这些政策对其他地区空气质量会产生多大程度的影响（是否会产生溢

出效应或者污染转移)？对这些问题的深入研究，有助于全面科学地评估京津冀及周边地区大气污染防治政策的效果。

准确测度京津冀大气污染联防联控对空气质量的改善程度是评估政策效益的关键。大气污染治理政策的效益是指因大气污染防控政策改善空气质量从而避免的健康损失和其他损失。大气污染治理政策的效益包括健康效益以及其他经济社会效益，其中健康效益是国内外学者评估大气污染治理政策的重点。评估大气污染防治政策的健康效应有以下两种方法。一种方法是利用计量经济学方法，采用微观个体样本，识别空气污染程度对人体健康（死亡率或致病率）的影响。该方法在模型选择正确和实证设计合理的前提下，能够较好地识别空气污染与人体健康之间的因果关系。但是，该方法高度依赖个体特征，对数据要求的精度高，不易获取相关数据。另一种方法是利用暴露—反应函数，将大气污染防治政策降低的大气污染污染物浓度直接转换为健康收益（死亡率和患病率的下降）。暴露—反应函数中的参数通过实际大样本数据的统计来获取，具有较好的代表性，在无法获取微观样本数据时，可以采用此方法测算大气污染防治政策的健康收益。

除健康效益外，大气污染防治还可以带来其他社会经济效益。例如，因污染治理带来的空气质量改善会减少居民在医疗保健方面和防御型行为(购买口罩或空气净化器）方面的支出、提高企业劳动生产效率、减少人才流失或移民、促进房屋价格的保值增值、促进环保产业发展等。相对于健康收益，国内外学者对于空气质量改善所带来的其他社会效益的研究不足。一是收益难以量化。由于清洁空气属于公共物品，难以通过市场机制为其定价。一些学者尝试从支付意愿的角度来衡量清洁空气的价格，但是基于不同研究对象得到的结果差异非常大，结论不具有推广性。二是不同方法测算的结果可能存在较大重叠。例如，人们在面对严重的大气污染时购买口罩和空气净化器等设备，在一定程度上减少了呼吸道疾病发生的概率。此时，用人们对口罩或空气净化器的支付来测度人们的清洁空气的支付意愿与基于疾病成本法测算的空气污染成本可能存在重叠，难以直接比较。

大气污染治理政策的成本包括实施大气污染防治措施的直接成本以及

由此导致的间接成本。大气污染治理政策成本的核算方法包括以下三类：基于减排措施的分项核算、边际减排成本函数以及投入产出分析。在大气污染治理政策的成本方面，现有研究主要针对单项政策措施的成本测算（如居民“煤改气”或“煤改电”的成本），缺乏对一系列京津冀大气污染治理政策的系统评估，且基于城市层面的大气污染防治政策的成本效益评估较为少见。

第二节 研究的目标和意义

一、研究目标

本书的总体研究目标是开展京津冀及周边地区大气污染联防联控政策的成本效益分析。具体目标如下。

（1）科学识别大气污染防治政策与空气质量改善之间的因果关系，定量评估京津冀大气污染防治政策的实施效果，并开展空气治理政策的动态效果与异质性影响研究。

（2）分析京津冀大气污染防治政策的溢出效应（污染转移效应）。从行业和企业两个维度分析大气污染防治政策的污染转移效应，分析行业差异、固定资产规模、所有制差异等因素导致污染转移的异质性。

（3）开展京津冀及周边地区大气污染联防联控政策的成本效益。考察大气污染防治政策的效益时，不仅测算健康效益，而且测算社会经济效益；测算成本时，收集各项具体空气污染治理措施的数据，并测算大气污染防治主要措施的成本；结合大气污染防治政策的成本和效益数据，开展大气污染防治政策的成本效益分析。

二、研究意义

本书有助于丰富和完善“大气污染防治效果评估”“大气污染防治政策的经济性分析”相关理论。具体表现在以下方面：（1）开展京津冀大气防治政策对空气质量的影响、动态效果以及异质性研究，有助于更加科学地识别大气污染防治政策与空气质量改善之间的因果关系；（2）开展京津冀大气污染防治政策的溢出效应研究，从多部门和多地区视角考察京津冀大气污染防治政策的溢出效应，能够更加全面综合地评价京津冀大气污染防治政策的效果；（3）开展京津冀大气污染防治政策的成本效益分析，从城市层面全面考察大气污染防治政策的成本和效益，得到更具针对性的结论。

本书的研究成果能够为政府相关部门进一步深化和完善空气治理政策提供决策参考。具体表现在以下方面：（1）研究京津冀大气污染防治政策对空气质量的影响，为相关部门定量评估大气污染防治政策的实施效果提供参考；（2）研究大气污染防治政策的溢出效应，识别影响溢出效应大小的关键行业部门以及异质性，为政府进一步完善跨区域大气污染联防联控的制度设计提供理论依据；（3）更加全面地测算大气污染防治政策的成本和效益，为政策制定者深入评估大气污染防治政策的经济性提供参考。

第三节　研究思路和内容安排

一、研究思路

本书对京津冀大气污染联防联控政策开展系统评估，主要回答京津冀大气污染联防联控政策能否改善空气质量、是否存在溢出效应以及经济性如何三个问题。首先，本书构建了一个地方政府间的演化博弈模型，考察地方政府大气污染治理从属地治理到联防联控的转变的影响因素以及中央政府在其中的角色。其次，利用空气质量数据，构建一个准实验模型，采用多期双重差分方法测算京津冀大气污染防治政策对空气质量的改善效果，并对政策的动态效果和异质性影响开展研究。再次，考虑大气污染防控政策可能诱发的污染转移，从行业和企业两个维度研究京津冀大气污染治理政策的污染转移效应，更加全面综合地分析大气污染防治政策的实施效果。最后，运用暴露—反应函数、支付意愿法等方法，对京津冀大气污染防治政策的成本和效益开展测算工作，评价大气污染防治政策的经济性。本书的技术路线如图 1.2 所示。

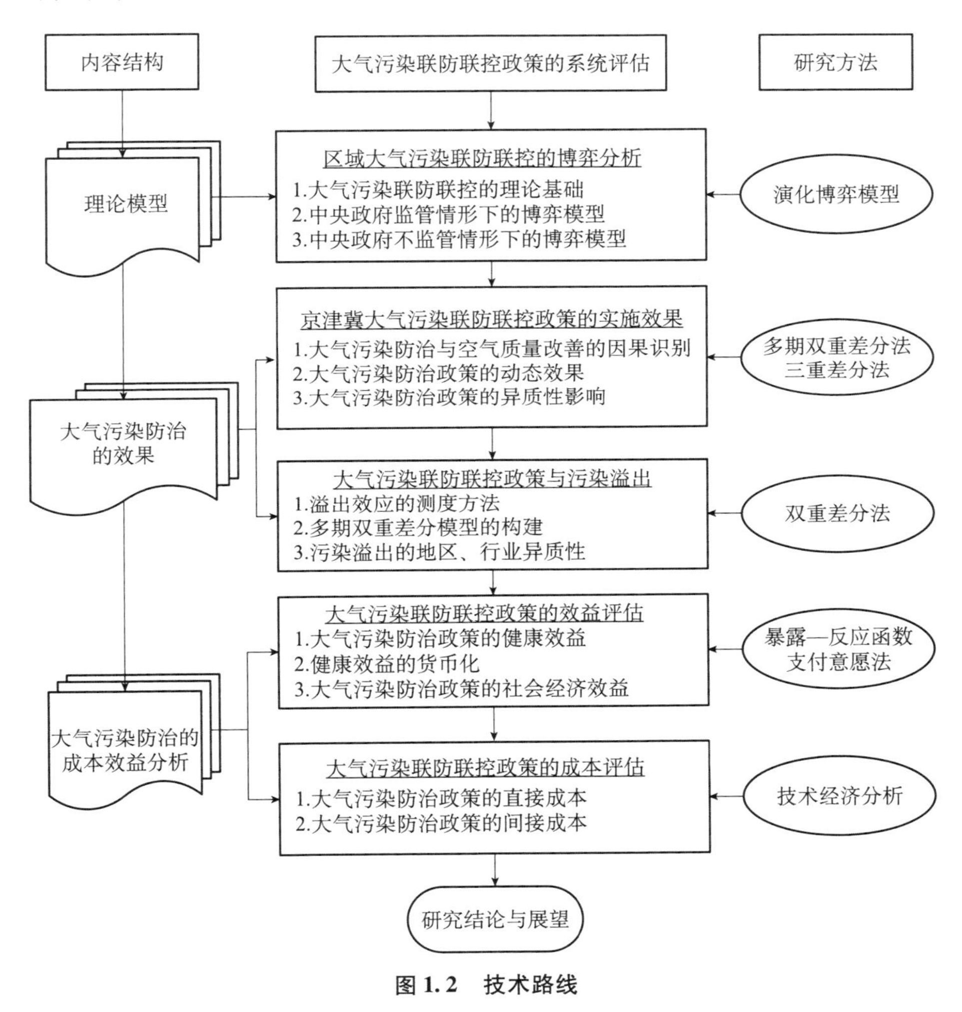

图 1.2 技术路线

二、内容安排

本书共分八章。

第一章：绪论。本章从大气污染的事实、大气污染对健康的损害、我国大气污染防治系列政策的出台等研究背景出发，引出对大气污染防治政策评估的必要性和重要性。在此基础上，确定本书的研究目标，梳理本书的研究思路和框架。

第二章：大气污染治理政策现有研究评述。本章从大气污染治理政策的效果、大气污染治理政策的溢出效应、对居民健康和行为的影响及大气污染治理政策的成本效益分析等视角评述相关文献，指出现有研究的不足和本书的研究方向。

第三章：区域大气污染联防联控的博弈分析。本章分别构建了中央政府不监管和中央政府监管情形下地方政府在大气污染治理上的博弈模型，并分别从完全理性和有限理性假设条件分析博弈的均衡或稳定策略，考察影响区域大气污染联防联控机制达成的条件以及中央政府在促进地方政府达成区域联防联控过程中扮演的角色，论证中央监管在地方政府达成大气污染联防联控的必要性。

第四章：京津冀及周边地区大气污染联防联控与空气质量改善。首先系统梳理大气污染防治政策，在此基础上构建一个动态双重差分模型，研究京津冀大气污染联防联控政策对空气质量指数和各项大气污染物浓度的影响，开展稳健性和异质性分析，并对大气污染防治的两项具体政策——《京津冀及周边地区秋冬季大气污染综合治理攻坚方案》《北方地区冬季清洁取暖规划（2017—2021 年）》的有效性开展分析。

第五章：大气污染联防联控与污染产业转移。大气污染防治政策在改善当地空气质量的同时，有可能会导致污染产业的跨区域转移，从而产生环境的负外部性。在开展大气污染防治政策成本效益评估时，需要将这种外部影响考虑在内。《大气污染防治行动计划》针对京津冀、长三角、珠三角等不同区域设置了不同的可吸入颗粒物浓度下降目标，本章从行业和企业两个维度考察这种环境规制强度差异是否会导致污染行业在京津冀与其他地区之间存在区域间转移。

第六章：大气污染联防联控的效益分析。大气污染治理的效益是指由于空气质量改善而带来的效益，包括健康效益和社会经济效益。本章结合第四章和第五章的研究结论，采用暴露—反应函数等方法考察京津冀及周边地区大气污染联防联控的效应（包括生理健康效益、心理健康效应和企业生产率效应），然后采用支付意愿等方法将效益货币化，全面评估大气污染联防联控政策的效益。

第七章：大气污染联防联控的成本测算。大气污染防治并不是免费的，空气污染防治在带来巨大的健康效益和其他社会经济效益的同时，也会产生大量的成本。本章以京津冀及周边地区大气污染传输通道城市为研究对象，基于数据可获取和可量化的原则，从清洁取暖、锅炉改造、机动车治理、淘汰过剩产能、清理整治“散乱污”企业等方面分项测算大气污染防治的成本。在此基础上，结合第六章测算出的总效益数据，开展京津冀及周边地区大气污染防治政策成本效益分析，并对不同城市的成本有效性差异展开分析。

第八章：研究结论与展望。本章总结了全书的主要结论和政策启示，并指出未来的研究方向。

第二章　大气污染治理政策现有研究评述

根据本书的主题，本章从不同大气污染治理政策的实施效果、大气污染治理政策溢出效益、大气污染对居民健康和行为的影响以及大气污染治理政策的成本效益分析四个方面对相关文献开展评述。

第一节　不同类型大气污染防治政策效果的研究

首先，交通限行政策的效果。对于交通限行政策能否有效改善空气质量，不同学者的研究结论不尽相同。一些学者发现，车辆限行政策对空气质量改善有积极影响（Viard and Fu，2015；Liu et al.，2016；Zhang et al.，2022；Fang et al.，2023），但戴维斯（Davis，2008）发现，限行政策会扭曲居民的购车行为。居民通过重新使用排放量更大的二手车或者购买第二辆车，汽油使用量不降反升，公共交通的使用率并没有上升，空气质量也没有得到改善。曹静等（2014）发现，当采用断点回归方法控制内生性问题后，尾号限行政策对北京市空气质量的影响甚微。钟等（Zhong et al.，2017）发现，北京针对尾号4的限行政策无意中导致更多的车辆上路，从而导致交通拥堵增加以及空气质量恶化。罗德里格斯·雷伊（Rodriguez-Rey et al.，2022）以西班牙巴塞罗那城市的交通管制政策为研究对象，研究发现，在没有减少交通需求的情况下，通过减少私家车空间的孤立措施不会对大气污染物的整体排放产生影响，且目前的措施尚不足以满足欧盟空气质量的标准。因此，交通限行政策是否能够有效改善空气质量目前仍然存在争议。

其次，研究节能环保法规对空气质量的影响。郑等（Zheng et al.，2015）考察了中国30个省级节能法规对改善空气质量的有效性，发现节能法规和环境标准对改善空气质量有积极影响。王等（Wang et al.，2019）基于双重差分法发现，新的环境质量标准在短期和长期均可显著降低试点城市$PM_{2.5}$和二氧化硫（SO_2）的浓度。张等（Zhang et al.，2023）基于中国30个省份2012～2017年的面板数据，采用双重差分法研究自然资源审计制度对空气质量效应，发现自然资源问责审计制度可以显著减少工业废水和二氧化硫的排放，且自然资源问责审计制度主要是通过改善地方政府的环境监管行为这一机制来实现环境质量改善的。

再次，研究具体减排政策对空气质量的影响。石光等（2016）基于双重差分方法分析针对燃煤电厂的脱硫补贴政策对空气质量的影响，发现脱硫补贴可以显著刺激燃煤电厂增加脱硫设施的投运，减低二氧化硫的排放，进而改善空气质量。此外，有研究发现，火电集中度越高的城市，脱硫补贴政策的效果越强。燃煤电厂的污染物减排设备可以显著减低污染物（Wu et al.，2019），但是张等（2023）发现，这些大气污染物减排设备的运行需要消耗大量电力，而这些电力主要是由燃煤机组提供的，从而导致二氧化碳排放的增加，因此，在政策设计时，需要综合考虑大气污染物和二氧化碳协同减排的问题。郭等（Guo et al.，2018）以京津冀地区为例，考察了控煤政策等对空气质量的影响，发现煤炭总量控制政策可以显著减少该地区各类大气污染物的排放，由此带来的健康效益占该地区生产总值的0.43%。陈等（Chen et al.，2022）研究了“煤改气”政策的效果，发现“煤改气”政策可以有效促进大气污染物和二氧化碳的协同减排。

最后，部分学者还研究了大事件下临时大气污染防治措施的效果，如2008年奥运会期间的大气污染防治政策（曹静等，2014；Wu et al.，2010；Rich et al.，2012）、2014年APEC会议期间的大气污染控制政策（Wang et al.，2016；Lin et al.，2017；Ma et al.，2020）、2016年G20杭州峰会（Shen and Ahlers，2019；Chen et al.，2021；Shi et al.，2023）、两会时期的大气污染防治政策（石庆玲等，2016）。大部分文献研究表明，大事件下的临时管制措施对于大气污染物的减少均有一定的效果。

第二节 大气污染防治政策的溢出效应研究

污染物排放会从受管制的地区向不受管制的地区转移（Fell and Maniloff，2018），忽视大气污染的溢出效应可能导致对大气污染的健康影响评估出现偏误（Wang et al.，2017）。关于环境规制政策的溢出效应最早始于对“污染避难所假说”的讨论，即发展中国家相较于发达国家宽松的环境规制政策，是否会诱发污染产业从发达国家向发展中国家转移。不同学者的研究结论并不一致。一些学者基于实证研究发现了污染产业跨国转移的证据，但另一些研究的结论并不支持“污染避难所假说”（Xing and Kolstad，2002；Kellenberg，2009；Copeland and Taylor，2004）。导致结论不一致的原因可能是由于样本选择差异，也有可能是环境规制的测度存在内生性问题，无法有效识别环境规制与污染转移之间的因果关系（List et al.，2004；Keller and Levinson，2002；Eskeland and Harrison，2003）。

一些学者研究了环境规制差异是否会导致污染在中国内部转移。何龙斌（2013）基于中国各省份2000~2011年污染密集型企业的产品数据，分析了东部、中部、西部以及东北地区四大区域污染转移的路径。研究发现，西部地区成为污染企业的净转入区，转入的主要是能源和资源类产业。林伯强和邹楚沅（2014）在ACT模型框架下分析了“世界—中国”和“东部—西部”污染转移机制，发现由国际贸易诱发的污染转移正在减弱，东中西部日益紧密的经济联系导致污染产业从东部向西部转移，对于西部地区而言，由国内区域间产业转移导致的污染转移甚至超过由国际贸易导致的污染转移。周浩和郑越（2015）利用中国288个地级市数据，分析了环境规制对新建企业选址的影响。研究发现，环境规制较松的地区更容易吸引污染企业。具体到三大区域，东部地区主要表现为污染的内部转移，而中西部地区则表现为污染的区域间转移。吴等（Wu et al.，2017）运用2006~2010年新建的污染型企业数据，分析了“十一五”规划中关于减少水污染的约束性目标，推动新建污染企业选址从沿海省份向环境规制相对较松的西部转移。李等（Li et al.，2022）运用空间杜宾模型发现，东西部地区环境规制强度的差异性导致了污染物的空间溢出，区域间的协作有利于提高环境治理效率。江等（Jiang et al.，2022）运用多期双重差分模型考查城市群建设对 $PM_{2.5}$减排的影响，发现城市群建设使得城市群城市 $PM_{2.5}$年均浓度将下降7.9%，但是空间溢出效应的结果表明，试点政策不利于其他城市群城市 $PM_{2.5}$污染的减少，这意味着区域污染控制和环境管理没有产生联动效应。

一些学者通过研究污染产业在区域内的转移，发现了污染在行政区域边界转移的现象。迪维维耶和熊（Duvivier and Xiong，2013）利用河北省的县级数据发现，相比于内陆县，边界线更容易吸引污染企业建厂，且该趋势随时间推移有所强化。蔡等（Cai et al.，2016）运用1998～2008年中国24条主要河流沿线县级数据，采用三重差分模型发现，污染企业从省内向行政边界转移的趋势，且位于河流下游的县存在污染聚集现象，平均而言，下游县的污染活动增加了约20%。为了控制环境规制的内生性问题，一些学者尝试通过政策实验的方法来研究环境规制对企业选址的影响。例如，美国清洁空气法案对企业选址影响（List et al.，2003；Greenstone，2002；Becker and Henderson，2000）。陈等（2018）研究了水污染法规对污染活动的影响，发现相对于法规较为严格的下游城市，规制较松的上游城市存在更大比例的水污染活动。吴等（Wu et al.，2019）基于空间杜宾模型分析了环境规制政策造成的溢出效应，发现环境规制有助于降低当地的大气污染排放，但是其他省份执行更严格的环境法规将降低目标地区大气污染控制效率。沈坤荣等（2017）运用空间自滞后模型发现，环境规制会引发污染的就近转移。房等（Fang et al.，2019）基于多区域投入产出模型发现，京津冀地区大气污染防治政策会导致部分污染物通过经济活动溢出至邻近区域，然后通过大气传输过程又输送回京津冀地区，从而在一定程度上削弱大气污染防治政策的最终效果。冯等（Feng et al.，2020）发现，环境法规不仅会影响当地的空气质量，还会对周边城市的空气质量产生影响。周边城市环境规制每增加1个单位，京津冀、长三角和珠三角的 $PM_{2.5}$浓度分别增加0.76、0.147和0.109。监管宽松的城市成为污染避难所。空间溢出效应抵消了地方环境法规对空气质量的改善作用。从异质性上看，京津冀 $PM_{2.5}$浓度的空间溢出效应高于珠三角，这与产业结构、人口密度、经济发展、外国直接投资和地理位置的差异相关。因此，在制定政策时，应该将溢出效应考虑在内，加强大气污染的联合监管。

第三节　大气污染对居民健康和行为的影响

流行病学的相关研究发现，大气污染会对人的身体健康和精神健康产生不利影响，然而科学识别大气污染与人体健康之间的因果关系存在一些挑战。首先，一些社会经济变量（如地区经济发展水平）与大气污染和健康水平都有关系，遗漏这些变量会导致估计结果出现偏误（Charles and DeCicca，2008；Gardner and Oswald，2007）。具体而言，如果这些因素同大气污染水平呈正相关而与健康终端的发生率存在负相关关系，那么忽略这些因素可能会使估算值向下偏误。其次是反向因果关系，健康终端通过影响当地的人力资本，进而影响与经济活动相关的大气污染物排放水平，从而导致估计值进一步向下偏误。最后是测量误差问题，由于空气监测站只是布局在城市的某一个或几个地方，其测量的大气污染程度可能不能很好地代表当地的空气污染水平，从而产生测量误差。另外空气质量数据的人为操纵也会导致测量误差（Ghanem and Zhang，2014），这将使估算值趋近于零。

工具变量法可以较好地克服内生性问题。良好的工具变量应该具有外生性，通过影响大气污染进而影响人体健康。常用的工具变量包括以下三类。第一类是天气条件，如逆温和风向。逆温是指热空气位于冷空气上方，阻碍空气流动，不利于空气污染物扩散。风向导致大气污染物扩散进而外生地对空气质量产生影响。因此，风向和逆温现象的发生会影响大气污染水平，进而对人体健康产生影响，一些研究将逆温作为大气污染的工具变量（Arceo et al.，2016；Chen et al.，2017），而德尤吉纳等（Deryugina et al.，2017）利用风向作为工具变量研究了大气污染对死亡率的影响。第二类是政策因素。政策因素会直接影响空气质量，不直接影响因变量。如美国清洁空气法案（Isen et al.，2017；Deschenes et al.，2017；Chay and Greenstone，2005）、中国北方集中供暖政策（Chen et al.，2013；Ebenstein et al.，2017；Ito and Zhang，2020）。第三类工具变量是一些事件冲击。如飞机延误（Schlenker and Walker，2016）、北京奥运会（He et al.，2016）、经济周期和贸易冲击（Chay and Michael，2003）。

一、大气污染与生理健康

大气污染对死亡率的影响。目前学术界关于大气污染对死亡率影响的研究包括两大类：短期暴露对死亡率的影响和持续暴露对死亡率的影响。大多数研究集中在大气污染的短期暴露对死亡率的影响。田中（Tanaka，2015）对中国防控酸雨政策进行考察，发现在严格控制二氧化硫排放的地区，婴儿死亡率显著下降。何等（He et al.，2016）发现，PM_{10}浓度降低10%可使每月标准全因死亡率降低8%，大气污染对10岁以下的儿童和老人的健康影响最大。邦巴尔迪尼和李（Bombardini and Li，2020）着眼于贸易引起的污染发现，中国的出口扩张通过污染浓度影响婴儿死亡率，出口冲击的污染含量增加一个标准差，婴儿死亡率增加4.1‰。范等（2020）利用断点回归方法分析了冬季供暖对北方城市大气污染和死亡率的影响，研发发现，冬季集中供暖会使得每周空气质量指数提高36%，并且使得死亡率增加14%。这意味着每周空气质量提高10点，将导致总死亡率增加2.2%，贫困和农村地区的人民受影响程度更大。何等（2020）使用卫星数据分析了燃烧秸秆对死亡率的影响，发现秸秆燃烧会增加颗粒物污染，并导致人们死于心血管疾病，由秸秆燃烧引起的$PM_{2.5}$浓度每升高10微克/立方米，死亡率将增加3.25%，其中农村地区的中老年人对秸秆焚烧污染特别敏感。桑卡尔等（Sankar et al.，2020）以印度两项主要大气污染防治法规——最高法院行动计划（Supreme Court Action Plan，SCAP）和催化转化器（Catalytic Converter，CC）政策，使用固定效应模型评估了大气污染防治政策与死亡率之间的关系，研究发现，$PM_{2.5}$水平与死亡率呈正相关，污染增加10%会导致死亡率增加2.0%。卡霍门科等（Khomenko et el.，2023）分析了不同大气污染物对欧洲城市死亡率的影响，并考察了交通、工业、能源、住宅等不同部门的贡献率。鲁本等（Luben et al.，2023）回顾了大气污染暴露与婴儿死亡率之间关系的流行病学证据的549篇现有文献，发现二氧化硫、二氧化氮、PM_{10}或一氧化碳浓度增加会显著增加婴儿死亡率。阿巴西·康埃瓦尔等（Abbasi-Kangevari et al.，2023）调查 1990～2019 年北非和中东 21 个国家的 $PM_{2.5}$和臭氧污染对疾病负担、死亡率和预期寿命的影响发现，减少人口暴露于 $PM_{2.5}$污染的干预措施和政策会提高该地区的平均预期寿命，如果该地区 2019 年大气污染降低到理论上的最低风险暴露水平，那么平均预期寿命将高出 1.6 岁。奥斯汀等（Austin et al.，2023）使用工具变量方法检验了同期细颗粒物暴露与新冠发病率和死亡率之间的关系，发现细颗粒物浓度上升会导致新冠确诊病例和死亡发生率增加。

大气污染的持续暴露会对人体健康产生更大的损害，但是国内外关于这方面的研究很少。这是因为估算长期影响需要以下数据：大气污染的长期变化、个人一生中暴露于污染的数据以及应对大气污染的策略或环境，如补偿性迁移。关于补偿性移民，较富裕的人可能会进入空气质量更好的地区，这些人也可能拥有更健康的生活方式和更优质的医疗服务，所以难以将大气污染的影响与其他因素隔离开来，从而导致估计结果偏误。波普等（Pope et al.，2002）利用美国的调查数据，研究了大气污染与全因死亡率、肺癌和心肺死亡率之间的关系，发现在长期暴露于细颗粒物的环境中，当颗粒物浓度每升高 10 微克/立方米，全因、心肺和肺癌死亡的风险分别增加约 4%、6% 和 8%。减少暴露于大气污染物可以显著改善美国人均预期寿命。值得注意的是，由于中国、印度等发展中国家的可吸入颗粒物浓度是美国等发达国家可吸入颗粒物浓度的 5～10 倍（Pope et al.，2002），当大气污染和人体健康存在非线性关系时，针对发达国家的研究结论对发展中国家的参考意义不大。针对中国的研究，目前仅有陈等（2013）和埃本斯坦等（2017）研究了中国秦岭—淮河以北的集中供暖政策对预期寿命的影响。中国自计划经济时代建立起来的北方地区集中供暖制度以及户籍制度对于早期人口流动的限制，为我们提供了一个准自然实验，能够较好地识别大气污染与预期寿命之间的因果关系。陈等（2013）指出，秦岭—淮河以北地区长期以燃煤取暖，造成的大气污染使得北方地区人均寿命减少 5.5 年。埃本斯坦等（2017）发现，集中供暖政策导致中国北方地区 PM_{10}浓度增加 46%，并通过增加心肺死亡率导致北方地区预期寿命降低 3.1 年（95% CI = 1.3–4.9）。该估计表明，如果整个中国达到 PM_{10}的 I 类标准将节省 37 亿生命年。

大气污染对患病的影响。现有研究大多集中在研究大气污染对死亡率的影响，缺乏对发病率的研究，其主要原因是死亡率的数据较易收集，而发病率由于存在多个终端，测量和大规模收集的难度较大（Landrigan et al.，2018；Barwick et al.，2018）。与通常侧重污染与特定疾病发生率的流行病学研究不同，经济研究更加重视因果关系和衡量与发病率相关的经济成本。奈德尔（Neidell，2004）分析了大气污染对哮喘儿童住院的影响，研究发现，一氧化碳对儿童的哮喘有重大影响，并且对社会经济地位较低的儿童的影响更大。施伦克和沃克（Schlenker and Walker，2016）也发现一氧化碳会导致哮喘、呼吸和心脏相关疾病的发生率显著增加，并且婴儿和老人对大气污染更敏感，降低一氧化碳浓度会获得巨大的健康收益。医疗费用支出能够较好地作为发病率的测度指标，越来越多的论文开始研究美国大气污染对医疗费用支出的影响（Deryugina et al.，2019；Moretti and Neidell，2011）。德尤吉纳等（2019）使用风向作为工具变量，发现 $PM_{2.5}$浓度的上升显著增加了每日死亡率，但对住院率或总医院支出没有影响。威廉姆斯和法纳夫（Williams and Phaneuf，2016）基于 1999～2003 年美国 23 个大都市的数据，采用固定效应和工具变量估计策略，发现细颗粒物标准每增加 1 个标准差将使哮喘和慢性阻塞性肺疾病的支出增加 12.7%。巴威克等（Barwick et al.，2018）首次对中国大气污染的发病成本进行了全面的分析，研究发现，大气污染在短期和中期均会对医疗保健支出产生重大影响。如果中国 $PM_{2.5}$浓度达到世界卫生组织 10 微克/立方米的标准，每年在国家医疗保健方面的支出将减少 420 亿美元，约占中国 2015 年的医疗保健支出的 7%。贾凯里尼等（Giaccherini et al.，2021）发现，大气污染会导致住院人数增加，对老年人、受教育程度低的人和移民的影响更大。廖等（Liao et al.，2023）研究了环境暴露对宫颈癌、子宫内膜癌和卵巢癌三类妇科癌症发病率的影响，发现高温和大气污染相互作用对妇科癌症发病率具有显著的正向影响，高温增加了长期暴露于 PM_{10}和二氧化氮中对妇科癌症的影响。鉴于前人关于大气污染和季节发病率的研究结果并不一致，伯格曼等（Bergmann et al.，2020）采用 Meta 分析方法，综合季节对大气污染和发病率的影响的现有证据，观察到一氧化碳、臭氧、二氧化硫和二氧化氮对季节发病率的显著影响，季节变化显著地改变了一氧化碳对肺炎的影响，二氧化硫对心血管疾病的影响，PM_{10}对中风的影响，臭氧对中风、哮喘和肺炎的影响。大气污染对男性和女性的季节影响相似，而在 18 岁以下的儿童和 75 岁或以上的老年人中，大气污染物对疾病发生率的负面影响程度更高。

二、大气污染与精神健康

大气污染除了影响人的身体健康外，也会对人的心理健康产生不利影响。绝大多数研究都是研究大气污染对人的身体健康（死亡或发病）的影响，对精神健康方面的研究十分有限。流行病学的相关研究发现，$PM_{2.5}$可以被吸入人体，会增加氧化应激和全身性炎症，这些反应反过来会加剧抑郁和焦虑（Power et al.，2015；MohanKumar et al.，2008）。此外，$PM_{2.5}$可能引起呼吸系统疾病或心脏疾病，并通过多个渠道进一步加剧抑郁和焦虑（Spitzer et al.，2011）。一些健康科学领域的文献也发现大气污染与精神健康存在相关关系（Pun et al.，2017；Mehta et al.，2015）。毕晓普等（Bishop et al.，2017）利用美国的数据，发现长期暴露于大气污染中会导致老年人患痴呆症的可能性增大，改善空气质量在这一方面可获得的健康收益能够达到 2 140 亿美元。张等（Zhang et al.，2017）发现，大气污染会增加抑郁症状的发生率。陈等（2018）和薛等（Xue et al.，2019）评估了大气污染如何影响中国心理健康，两项研究均使用来自中国家庭追踪调查数据（CFPS），均发现暴露于更高水平的$PM_{2.5}$会增加患有精神疾病的可能性，证实了大气污染与精神健康之间的流行病学联系。然而，两项研究的估计效果在规模上有所不同，陈等（2018）的估计大于薛等（2019）的研究。张等（2018）发现，长期暴露于大气污染中会阻碍人的认知表现，而且随着年龄的增长，这种影响会更加明显。坎纳等（Kanner et al.，2021）研究了大气污染对孕妇孕期心理健康的影响，发现整个妊娠期暴露于PM_{10}、$PM_{2.5}$、二氧化氮和氮氧化物环境中会显著增加妊娠期出现不明精神障碍和抑郁症的概率。陈等（2023）利用中国健康与营养调查数据，实证分析了大气污染对老年人心理健康的影响，研究发现，随着大气污染的加剧，老年人的心理健康状况明显下降。具体而言，大气污染增加 10 微克/立方米会导致心理健康下降 2.43 分，其中大气污染对男性、农村居民、低收入和低教育群体的影响更大。艾哈迈德等（Ahmed et al.，2022）研究了儿童在母胎和儿童时期暴露于 $PM_{2.5}$ 环境中对情绪和行为的影响，发现与低暴露相比，在所有时期暴露于中等和高 $PM_{2.5}$ 环境中的儿童出现情绪和行为问题以及严重运动迟缓的概率更高。贡姆和伯纳尔（Gomm and Bernauer，2023）研究发现，即使是浓度相对较低水平的大气污染物，在物理或生物意义上被归类为对人类健康无害的情形，也可能会导致负面的心理健康结果。

三、大气污染的回避行为

大气污染会影响人的行为选择，这些行动包括短期的回避行为（avoidance behavior）与防御性支出（Lu，2020），以及长期的住房选择（household sorting）与移民。奈德尔（2004）指出，家庭会以回避行为来响应有关污染的信息，这表明在测量污染对健康的影响时，必须考虑这些内生性响应。人们会采取预防行动以减少大气污染对健康的影响。早期关于防御性支出的文献来自美国，近些年这一领域中来自中国的研究也开始涌现。具体而言，当空气严重污染时，人们会减少出行时间（Moretti and Neidell，2011；Neidell，2009），增加对口罩或空气净化器的购买（Ito and Zhang，2020；Zhang and Mu，2018；Sun et al.，2017；Liu et al.，2021），学生会增加逃课概率（Currie et al.，2009；Chen et al.，2018；Zhang et al.，2022），人们会增加健康保险合同的购买数量、增加医疗保健支出（Chang et al.，2018；Barwick et al.，2018）。陈等（2020）利用中国健康与营养调查数据，从回避行为的角度量化了大气污染对医疗保险需求的因果影响，发现大气污染会导致购买医疗保险的可能性增加，并且大气污染对医疗保险需求的影响主要发生在妇女、儿童、老年人以及高收入和高教育水平的人身上，他们更有可能采取回避行为。卢等（Lu et al.，2023）考察大气污染监测站的建设对于商业健康保险购买的影响，发现大气污染监测站的运行有助于改善当地的空气质量，进而减少商业健康保险的购买和索赔。改善空气质量不仅能够带来直接的健康效益，而且可以降低防御性成本。还有学者的研究表明，大气污染导致外出减少，导致居家的能源消耗支出增加（Agarwal et al.，2020；Wei et al.，2023）。此外，人们还会采取城际移动的短期策略以规避大气污染。例如，陈等（2018）和崔等（Cui et al.，2019）基于智能手机的定位功能，发现存在从大气污染严重的城市向清洁空气城市移动的证据，高铁、飞机等交通设施的改善则进一步促进了此类型的城际移动。

长期来看，人们会通过“用脚投票”来追求更好的环境（Banzhaf and Walsh，2008；Freeman et al.，2019；Bayer et al.，2009；Greenstone and Gallagher，2008）。大量文献以房地产为基础，研究家庭为改善环境的支付意愿（Davis，2011；Currie et al.，2015；Muehlenbachs et al.，2015）。邹等（Zou et al.，2022）利用决策树方法分析大气污染对上海房价的非线性影响，发现大气污染变量对房价的影响为2.79%，且居民为清洁空气付费的边际意愿十分显著。具体而言，$PM_{2.5}$和一氧化氮平均浓度提高1微克/立方米，人们的支付意愿分别增加155.93元/平方米和278.03元/平方米。张等（2021）研究了大气污染对周边房价的溢出效应，即本地房价会受到周边城市空气质量的负面影响。此外，一些学者还研究了大气污染对居民长距离迁徙的影响。陈等（2017）研究了大气污染对中国跨城市迁移的影响。他们使用逆温作为工具变量，发现大气污染严重影响了中国的迁移方式，并且其影响的群体主要是受过良好教育的年轻人。秦和朱（Qin and Zhu，2018）通过研究大气污染对移民情绪的影响发现，如果空气质量指数（AQI）提高100点，那么第二天“移民”的在线搜索量将增长大约2.3%～4.8%；当AQI水平高于200，移民情绪会更加明显。马等（Ma et al.，2023）利用2015年中国家庭金融调查的高频监测数据研究了大气污染对中国居民国际移民意愿的短期影响，发现空气质量恶化会增加中国居民的国际移民意愿。更富有、受教育程度更高的居民更热衷于移民国外，而居民对当地环境治理的不满可能会引发移民意向。大气污染严重的地区劳动力外流，且难以留住高技能工人，从而影响当地的生产效率和经济增长（Archsmith et al.，2018；Hanna and Oliva，2015；Graff and Neidell，2012；Kahn and Li，2019；Liu and Yu，2020）。

另外，信息披露程度会显著影响居民的行为。谢等（Xie et al.，2023）评估了心理健康对环境风险信息的反应，发现我国大气污染监测站的建设计划大大提高了公众对大气污染问题的认识和关注，并大大提高了个人心理健康对空气质量变化的敏感性，尤其是对于那些更多接触污染信息和更容易患精神疾病的人。空气质量恶化的信息作为压力源对心理健康有直接影响，并通过减少户外活动和社会交流对行为产生间接影响。冯等（2021）利用2008～2016年中国120个实施环境信息公开政策的城市的数据，采用两阶段最小二乘回归模型实证检验了大气污染对经济发展的影响及其传导机制。研究结果表明，大气污染会阻碍经济的发展，环境信息的公开有效地减少了对污染的隐瞒，使政府发布的环境报告能够更准确地反映空气质量。通过增加政府的环保支出，这一披露制度扩大了环保就业和基础设施建设。

第四节　大气污染防治政策的成本效益分析

成本效益分析是评价一项政策是否具有经济性的关键。具体而言，大气污染防治政策成本效益分析包括大气污染防治政策的效益评估、大气污染防治政策的成本测算以及成本效益分析模型。

一、大气污染防治政策的效益评估

大气污染防治政策的效益是指大气污染防治政策下空气质量改善所产生的效益（或避免的成本）。大气污染导致的成本包括健康损失（早逝成本、疾病成本）和国民经济损失（Boulanger et al.，2017；Font-Ribera et al.，2023）。一般通过暴露—反应函数测算大气污染导致的健康损失，然后对健康损失货币化，得到大气污染导致的健康损失成本。暴露—反应函数的选取是开展健康损失评估的关键，基于不同的暴露—反应函数形式及参数计算出的健康损失存在较大差异（Matus et al.，2012）。黄德生和张世秋（2013）指出，基于国外低浓度大气污染物下开展的流行病学研究得到的暴露—反应函数不能直接用于浓度相对较高的中国。为了获取更加可靠的暴露—反应函数，避免基于单一研究导致的估计偏差，一些学者开始尝试运用Meta分析方法探寻更加合理的暴露—反应函数（Zhang et al.，2017；Lu et al. , 2015)。

通过暴露—反应函数计算出大气污染物浓度变化带来的健康损失后，接下来需要将健康损失货币化。常用的健康损失货币化方法包括支付意愿法、疾病成本法、伤残调整寿命年（Williams and Phaneuf, 2019；Bayat et al. , 2019）。支付意愿法是指改善空气质量以降低死亡或患病风险的支付意愿。该方法能够全面反映个人偏好，测度早逝或疾病给个人带来的治疗成本、生产力损失，以及痛苦和不适的价值（Mcgartland et al. , 2017），但是基于支付意愿获取的数据主观意愿较大，在不同时期、不同地点、不同群体间开展的支付意愿调查的异质性较大，难以获取较为客观的价值评估（曾贤刚等，2015）。疾病支出法是指医疗成本以及因病导致的误工成本，该方法能够直接测度疾病的医疗成本，但无法核算疾病带来的负效用成本（周伟铎等，2018）。伤残调整寿命年是指从发病到死亡损失的全部健康寿命年，包括因早逝所致的寿命损失年和因伤残所致的健康寿命损失年。该指标能够更全面地反映疾病对人群产生的负担，但是在预期寿命、年龄加权以及贴现率上仍然存在较大争论。由此可见，几种方法各有优缺点，在实际测算大气污染导致的健康损失评估中经常结合使用。其中，支付意愿法常被用来测算早逝的健康损失，疾病成本法常被用来测算其他健康终端的价值损失（张翔等，2019；Yin et al. , 2017；Lu et al. , 2016）。大气污染除了导致健康损失外，还会产生国民经济损失。大气污染导致的国民经济损失是指劳动力受损（常折算为工作时间的减少）对国民经济的影响，可以利用投入产出模型或可计算一般均衡模型测算（Wang et al. , 2016；Xia et al. , 2016）。此外，还有学者研究了大气污染对其他地区健康效应的影响（Dedoussi et al. , 2020；Zhang et al. , 2017）。

二、大气污染防治政策的成本测算

大气污染防治政策的成本包括实施大气污染防治措施的直接成本以及由此导致的间接成本。空气治理政策成本的核算方法包括三类：基于减排措施的分项核算、边际减排成本函数以及投入产出分析。基于减排措施的分项核算是指从主要减排措施出发，分项核算各项措施的成本，最后加总构成大气污染治理成本，如马国霞等（2019）和靳等（Jin et al.，2017）。该方法能够识别各项措施的成本构成，但是该方法对微观数据的要求较高，且部分措施难以量化，核算出的大气污染治理成本属于真实成本的下限。边际减排成本函数是指在当前空气污染物排放水平上减少1单位大气污染物排放带来的成本增量。通过对边际减排成本曲线在减排量上进行积分，得到大气污染物减排的总成本（Zhang et al.，2020；Muller，2012；Vijay et al.，2010）。该方法计算简便，所需数据量少，能够从宏观层面反映空气污染治理的总成本，但是其计算结果容易受到边际减排成本函数形式和参数选择的影响，且该方法无法反映主要减排措施的成本构成情况。投入产出分析是指投入产出模型基于部门间的相互联系，测算空气治理措施导致的部门产出和国民经济变动（间接成本），但是该方法存在将空气治理措施与投入产出表进行合理匹配的问题。

三、大气污染防治政策的成本效益分析模型

大气污染防治政策成本效益分析模型主要包括四类：温室气体与空气污染的相互作用和协同效应（greenhouse gas and air pollution interactions and synergies，GAINS）模型、投入产出模型、可计算一般均衡（computable general equilibrium，CGE）模型以及环境效益评价（environmental benefits mapping and analysis program，BenMAP）模型（Liu et al.，2023）。

GAINS模型由国际应用系统分析研究所（IIASA）开发，能够联合分析大气污染物与温室气体的减排潜力和成本。例如，卡纳达等（Kanada et al.，2013）采用中国温室气体与大气污染的相互作用和协同效应（GAINS-China）模型分析了中国北京、上海、天津、重庆和香港5个特大城市二氧化硫的减排潜力与成本效益。采用情景分析方法，重点研究了烟气脱硫（FGD）和炉内喷钙（LINJ）两种技术的成本有效性。研究表明，5个特大城市存在较大的二氧化硫减排潜力，但差距很大：重庆的减排潜力最大，单位成本最低，而北京和香港的减排潜力最小，单位成本较高。蒲等（Pu et al.，2019）估算并分析了2015～2030年中国31个省份大气污染物（二氧化硫和氮氧化物）的减排潜力。结果表明，到2030年，随着减排政策的

强化和减排技术的实施，二氧化硫和氮氧化物排放的减排效果明显。减排潜力巨大、总控制成本较高的地区主要位于国内生产总值较高、发电量较多的东部沿海地区（如浙江、山东、江苏），以及能源储备丰富、向其他地区供电巨大的地区（如内蒙古、山西）。舒等（Shu et al.，2022）利用 GAINS 模型，分析了《蓝天保卫战三年行动计划》下京津冀及周边地区"2+26"城市温室气体和大气污染的协同减排潜力。

投入产出模型能够充分反映同一地区内部或者地区之间不同部门间的前后向关联关系，可以评估大气污染防治措施导致的部门产出变动（Fang et al.，2019；Tessum，2019；Zhai et al.，2021）。房等（Fang et al.，2019）使用多区域投入产出模型与大气化学物质传输模型，模拟清洁空气政策情景，评估其对目标区域 $PM_{2.5}$、二氧化碳排放和水消耗的环境影响以及对其他区域的溢出效应。研究结果表明，目标地区 $PM_{2.5}$ 的减少是以增加邻近省份排放为代价的。同时，通过将生产转移到欠发达地区，目标地区的二氧化碳排放量减少和用水量减少的共同利益是以增加其他地区二氧化碳和排放和水消耗量实现的。

CGE 模型从瓦尔拉斯一般均衡理论出发，能够综合评估大气污染物浓度变化对整个国民经济及社会福利的影响。赖夫（Rive，2010）构建了一个包含颗粒物（PM）、二氧化硫和氮氧化物排放的 CGE 模型，评估同时实施空气质量和气候政策的共同成本和效益。结果发现，按照 2010 年《京都议定书》的减排目标，污染控制的福利成本会比基准线降低 16%，能够有效地抵销 15% 的二氧化碳减排成本。董等（Dong et al.，2015）将综合评估模型/CGE 模型（AIM/CGE）模型和 GAINS-China 模型结合起来，预测中国未来的二氧化碳和空气污染物排放，以及减排的成本效益。考虑到碳减排政策和大气污染物减排技术的实施，结果表明，通过同时实施二氧化碳和大气污染物减排，到 2020 年，二氧化硫、氮氧化物和 $PM_{2.5}$ 的实际减排共同效益分别为 240 万欧元、210 万欧元和 30 万欧元，相应的减排成本分别为 4 亿欧元、11 亿欧元和 8 亿欧元。并且在欠发达的西部地区的投资比在发达的东部地区更具成本有效性，更容易减少二氧化碳或大气污染物排放。李等（Li et al.，2019）运用多区域能源—环境—经济 CGE 模型分析了京津冀大气污染防治政策的减排成本。研究表明，在行动计划情景（AP）中，减排政策可能导致京津冀地区生产总值增长的年均损失 1.4%，在强化行动计划情景（EAP）下，年均损失 2.3%。金等（Kim et al.，2020）将 CGE 模型、空气质量模型和健康影响评估模型相结合，构建一个综合研究框架，以探索韩国到 2050 年缓解气候变化的长期经济影响，在不同的社会经济和气候变化减排情景下，将减排成本与健康相关的经济效益做了进一步比较。研究发现，实现减排雄心的目标将在 2050 年花费 13 亿～85 亿美元（与碳价不同相关），由此带来的健康收益（避免的健康损失成本）合计约为 232 亿元，完全能够抵销减排的成本。

BenMAP 模型（benefits mapping and analysis program）由美国环保部开发，可以评估大气污染物浓度变化导致的健康效益以及大气污染防治政策的成本。布鲁姆等（Broome et al.，2015）利用 BenMAP CE 软件测算澳大利亚悉尼减少大气污染带来的健康收益，包括减少早逝以及患呼吸系统和心血管系统的人数。研究结果表明，在悉尼，即使大气污染略有减少，也可以获得可观的健康益处。巴亚特等（Bayat et al.，2019）利用德黑兰地面大气污染测量的 $PM_{2.5}$数据，基于 BenMAP 模型测算了早逝人数，以及降低 $PM_{2.5}$浓度产生的经济效益。阿尔提耶里和基恩（Altieri and Keen，2019）的研究发现，如果南非的空气质量水平达到现有的国家环境空气质量标准（$PM_{2.5}$年均浓度达到 20 微克/立方米），2012 年将有 14 000 人避免早逝。这些避免的死亡病例的货币价值估计为 140 亿美元，相当于南非 2012 年 GDP 的 2.2%。而如果达到世界卫生组织更严格的空气质量标准（$PM_{2.5}$年均浓度达到 10 微克/立方米），则可避免 28 000 例早逝，带来的货币价值估计为 291 亿美元，相当于南非 2012 年国内生产总值的 4.5%。拉扎扎德等（Rezazadeh et al.，2022）运用 BenMAP 比较不同大气污染治理措施的成本有效性，指出应该停止关闭工业工厂以控制大气污染，因为这会造成高经济损失，而其健康效益在该地区却微不足道。相比之下，通过提高交通运输部门燃气加热器热效率和将 30% 的汽油车转换为压缩天然气（CNG）汽车的情景是减少污染的较合适的政策情景。

还有一些学者运用其他模型对大气污染防治政策的成本效益展开分析。文等（Moon et al.，2021）采用支付意愿法（WTP）得出了公众为减少某种大气污染物的支付意愿，发现公众对不同污染物减排的支付意愿不同，从

高到低依次为 $PM_{2.5}$、PM_{10}、硫氧化物、总悬浮颗粒物、氮氧化物和挥发性有机化合物，并且基于平均 WTP 评估了韩国政府两项大气污染物减排计划的经济可行性。结果表明，这两项减排计划的效益成本比分别为 0.61 和 0.66，表明它们目前在经济上不可行。吴等（2023）运用双重差分模型，分析我国“煤改气”对空气质量的影响并对政策的成本效益展开分析。研究发现，“煤改气”政策的收效益可以大致覆盖其成本，但其成本效益效率较低。

不同模型均有其局限性。GAINS 模型侧重于分析不同污染控制技术的成本；BenMAP 侧重分析大气污染导致的健康效益，对大气污染导致的其他损失难以评估；投入产出模型无法将所有的大气污染防治政策转换为经济成本；CGE 模型建立在市场均衡的基础上，容易忽略动态特征（周伟铎等，2018）。一些学者尝试将不同的模型结合使用，例如，吴等（2017）将 GAINS 模型与 CGE 模型相结合，分析中国温室气体和大气污染协同减排的成本效益。

第五节　本章小结

整体而言，国内外学者对大气污染防治政策的实施效果及经济性评估开展了富有成效的研究，并且取得了较为丰富的成果。不过在以下几个方面依然存在较大的研究空间。

（1）在大气污染治理效果的评估方面，现有文献大多就单一大气污染防治政策措施开展研究，如清洁取暖（“煤改气”“煤改电”）政策，缺乏对大气污染防治政策的系统评估（Jin et al.，2017；Jeuland et al.，2017）。大气污染防治政策是一个系统工程，涉及的空气治理措施有很多项，基于单一措施的评估难以全面有效地反映大气污染防治政策的整体效果。此外，在控制内生性的基础上科学识别大气污染防治政策与空气质量改善的因果关系、综合考察大气污染治理政策的动态影响和异质性等方面，仍然存在较大的研究空间。

（2）多数研究在评价大气污染防治政策的效果时忽视政策的溢出效应。

京津冀及周边地区大气污染联防联控可能会诱发污染产业向其他地区转移，进而对其他地区空气质量产生影响。现有研究对大气污染防治政策的溢出效应或污染转移效应缺乏考虑。本书基于双重差分模型，采用年份×行业×省份和年份×企业×城市多维度数据，考察京津冀及周边地区大气污染联防联控政策的污染产业转移效应，识别异质性特征，从而更加全面科学地评估大气污染防治政策的效果。

（3）在大气污染政策的成本效益分析方面，现有研究大多单纯地分析大气污染防治政策的直接效益和直接成本，对政策的间接效益和间接成本缺乏深入研究。具体而言，在分析大气污染防治政策的效益时，仅测算大气污染防治政策带来的健康效益，忽视社会经济效益；在分析大气污染防治政策的成本时，仅计算直接成本（设备投资成本和运行成本），忽视间接成本（大气污染治理措施导致的社会经济损失）。由此测算的结果不能全面反映大气污染防治政策的成本和效益，从而影响对大气污染防治政策成本有效性的判断。

鉴于此，本书尝试从更宽阔的视角出发，以京津冀及周边地区大气污染联防联控政策为研究对象，科学识别大气污染防治政策与空气质量改善的因果关系，同时考虑政策可能产生的溢出效应，全面评估京津冀及周边地区大气污染联防联控联治的效果。在此基础上，运用暴露—反应函数、支付意愿法等工具，综合评估大气污染防治政策的经济性，进一步深化和拓展该领域的研究。

第三章　区域大气污染联防联控的博弈分析

第一节　引言

随着我国经济的快速发展和城市化进程的加速推进，区域性、复合型的大气污染问题日益凸显，我国面临严峻的大气污染治理压力。由于大气污染的跨区域传输使得过去长期基于属地管理的环境治理模式难以有效防治大气污染，区域联防联控机制应运而生。

我国最早运用区域联防联控思维治理环境污染问题可以追溯到关于“两控区”（酸雨控制区和二氧化硫污染控制区）的治理。1988 年，国家环境保护局印发《酸雨控制区和二氧化硫污染控制区划分方案》，以酸雨和二氧化硫为防治重点，将全国 175 个城市划定为“两控区”。从实施效果来看，截至 2010 年，94.9% 的“两控区”城市二氧化硫平均浓度已达到国家二级标准。

早期的大气污染联防联控主要是为了应对一些重大的国际性活动。其中，2008 年北京奥运会空气质量保障是我国首次区域性大气污染联防联控的成功尝试。2006 年，国家环境保护总局和北京、天津、河北、山西、内蒙古、山东 6 省份成立了奥运空气质量保障工作协调小组，共同制定了奥运会空气质量保障措施。同时，针对可能出现极端不利气象下的空气污染，北京、天津和河北还共同制定了《北京奥运会残奥会期间极端不利气象条件下空气污染控制应急措施》，通过重点污染企业停产限产、机动车限行、施工工地停止作业等临时性举措，最大限度减少大气污染。通过各方面的共同努力，奥运会期间，北京空气质量明显改善，污染物明显减少，空气质量达到十年来同期最高水平。随后，在2010年5月，国务院办公厅发布《关于推进大气污染联防联控工作改善区域空气质量的指导意见》，提出到2015年建立大气污染联防联控机制的目标。

党的十八大后，大气污染联防联控工作取得实际进展。2013年9月，国务院印发《大气污染防治行动计划》，提出大气污染防治作为京津冀一体化发展的重要任务，应尽快率先建立京津冀地区大气污染联防联控机制。2013年10月，京津冀及周边地区大气污染防治协作小组成立（2018年7月，协作小组进一步升格为京津冀及周边地区大气污染防治领导小组），统筹推进区域大气污染联防联控工作。2014年6月，协作小组办公室印发了《京津冀及周边地区大气污染联防联控2014年重点工作》，主要内容包括：成立区域大气污染防治专家委员会，开展区域大气污染成因溯源和传输转化等基础研究工作；共享空气质量数据和管理经验，开展联合执法和宣传活动；共同做好2014年APEC会议空气质量保障。同年，北京市环保局发布北京$PM_{2.5}$源解析结果，发现区域传输的贡献占28%～36%，在重污染天气过程时，区域传输的贡献超过50%，由此，呼吁建立常态化的区域联防联控机制。

2015年5月26日，协作小组审议通过《京津冀及周边地区大气污染联防联控2015年重点工作》，提出将北京、天津、保定、廊坊、唐山、沧州6个城市划为京津冀大气污染防治核心区（简称“2+4”城市），首次从城市层面开展大气污染联合治理，区域大气污染联防联控进入新阶段。2017年2月，《京津冀及周边地区2017年大气污染防治工作方案》明确“2+26”城市携手防治（以下简称“2+26”城市），进一步加大京津冀大气污染传输通道的治理力度。随后，京津冀及周边地区大气污染联防联控主要围绕“2+26”城市展开。例如，从2017年开始每年发布《京津冀及周边地区秋冬季大气污染综合治理攻坚行动方案》，针对“2+26”城市制定详细的大气污染防治措施。此外，2017年12月印发的《北方地区冬季清洁取暖规划（2017—2021年）》也对“2+26”城市城区清洁供暖率目标提出相关要求。2021年11月，中共中央、国务院印发《关于深入打好污染防治攻坚战的意见》，提出坚持区域大气污染联防联控联治，确保大气污染防治工作持续深入推进。

从上述大气污染联防联控机制的发展历程可以看出，在2015年明确提出“2+4”城市大气污染防治核心区之前，除了临时性的区域大气污染联防联控外，并没有形成常态化的大气污染联防联控机制，地方政府普遍基于属地管理模式治理大气污染。接下来，本章将对建立区域大气污染联防联控的理论基础、影响大气污染联防联控的主要因素、中央政府在区域大气污染联防联控中的作用等方面进行阐述。

第二节　区域大气污染联防联控的理论基础

一、空气流域理论

空气流域（airshed）理论从自然科学的角度论证了建立区域大气污染联防联控的必要性。虽然城市上空的大气并非像城市管理辖区一样具有明确的边界，但是某个城市排放的大气污染物不会在全国的大气层中均匀混合，而是会溢出到周边城市，形成相对孤立的气团，这些气团笼罩的地域被称为空气流域（蒋家文，2004；王金南等，2012）。空气流域的形成受气候条件和地形地貌条件的共同作用。空气流域的存在使得基于行政区划的属地管理难以有效治理大气污染，需要在空气流域范围内建立城市间的大气污染联防联控机制。

以北京市为例，为了保障北京奥运期间的空气质量，在21世纪的前十年，北京市政府采取了居民清洁取暖、燃煤锅炉改造、提高机动车排放标准、淘汰黄标车、以首钢外迁为代表的工业污染源治理、扬尘治理、奥运会期间的机动车限行等一系列措施，使得空气质量明显改善，蓝天数十年间增加近五成，奥运期间的空气质量也创十年最佳。然而《中国环境状况公报（2013）》的数据显示，2013年，北京市的达标天数仍然不足五成，仅为48%，重污染天数比例达到16.2%，$PM_{2.5}$年均浓度为89微克/立方米，超标1.56倍。吴庆梅等（2016）对北京市2013年1月三次重度污染天气过程的污染物来源进行分析，发现北京地区外来源主要来自河北省石家庄—保定及廊坊一带，主要通过偏南风远距离输送到北京地区上空，随着静稳天气天数的增长，$PM_{2.5}$污染物向燕山和太行山前堆积，从而导致北京地区空气的重度污染。2014 年，北京市环保局发布了北京 $PM_{2.5}$源解析结果，显示在影响北京地区空气质量的因素中，区域传输的贡献占 28% ~36%，在重污染天气过程期间，区域传输的贡献超过 50%。时隔四年，2018 年 5 月，北京市环保局发布新一轮污染源解析结果。从全年平均来看，区域传输对北京市 $PM_{2.5}$年贡献率为 26% ~42%。国家大气污染防治攻关项目对 2013 年以来近百次重污染天气过程的源解析也发现，重污染天气过程期间，区域传输对北京市 $PM_{2.5}$的平均贡献率约为 45%，在个别重污染天气过程期间，区域传输的贡献可以达到 70%。可以看出，随着区域传输成为北京市历次重污染过程的主要贡献，仅依靠北京市的属地治理难以治本，需要实施京津冀地区及周边地区大气污染联防联控机制，以减少该地区的大气污染。

二、外部性理论

由于大气污染物在相邻城市之间相互扩散，单个城市的空气质量除了受自身大气污染防治政策的影响，还会受到周边城市空气质量的影响（Fang et al.，2019；邵帅等，2016）。某个城市大气污染物溢出到其他城市，对其他城市造成负外部性（健康损失和经济损失），但是该城市并没有承担相应的责任，从而产生负外部性。根据经济学原理，在负外部性条件下，由私人部门排放的大气污染物水平将超过社会福利最大化下的最优水平。即使在严格的环境管制下，污染企业也会向环境规制力度相对较弱的地区转移，从而会对其他地区产生污染的溢出（沈坤荣等，2017）。大气环境容量的公共物品属性也是导致大气污染的重要原因。大气环境容量是有限的，虽然大气能够稀释和净化一部分污染，但是一旦人类的生产生活活动排放的污染物超过空气的净化能力，将不可避免地产生大气污染，加之清洁空气属于公共物品，难以明晰产权。在没有政府监管约束的条件下，企业的生产过程不可避免地会导致大气污染，进而形成“公地悲剧”。

从大气污染治理的角度看，在没有上一级政府协调的情况下，大气污染治理成本由自身承担，而空气质量改善的好处则由该区域共同获得，这会削弱地方政府治理大气污染的积极性。而区域联防联政策能够有效缓解大气污染物在各城市间的溢出效应，使得地方政府从各自为战转向联合治理，有助于将外部成本内部化，有效防止地方政府在大气污染治理过程中的“搭便车”行为，实现区域空气质量的整体改善（王恰和郑世林，2019；Han et al.，2021）。

三、非合作博弈与合作博弈

按照博弈人之间是否具有约束性的协议，博弈分为非合作博弈和合作博弈。非合作博弈是从个体理性出发，追求自身利益的最大化；合作博弈则是从集体理性出发，追求集体利益最大化。在大气污染治理模式中，属地治理模式是典型的非合作博弈，而区域联防联控则属于合作博弈。在没有中央政府约束的情形下，地方政府之间难以就大气污染联防联控机制的利益和成本分摊达成一致意见，在协调治理中会倾向于“搭便车”，联防联控机制难以自发形成，最终无法有效解决区域污染治理问题（初钊鹏等，2017）。而在有约束力的协议下（有明晰的权责分配和奖惩机制，一般需要中央政府的介入），地方政府之间会趋于形成联防联控的均衡策略（高明等，2016）。

第三节　博弈模型的构建

一、策略集与策略组合

本节构建一个包括地方政府间大气污染防治的演化博弈模型。其中，地方政府1有联合治理和属地治理两种策略选择，选择联合治理的概率为x，选择属地治理的概率为1－x。地方政府2也有联合治理和属地治理两种策略选择，选择联合治理的概率为y，选择属地治理的概率为1－y。由此构成四种策略组合，分别为（联合治理，联合治理）、（属地治理，联合治理）、（联合治理，属地治理）、（属地治理，属地治理），每个括号内分别表示地方政府1和地方政府2的一个具体策略。然后分别探讨中央政府监管和不监管情形下地方政府的均衡策略和稳定演化策略。

二、得益组合

分析每种策略组合下各个参与人的得益是分析博弈均衡的关键，而要准确地分析各个参与人在每种对局下的得益，关键是要确定每个参与人的得益函数。对于地方政府 i 而言，治理大气污染可以获得收益，这个收益主要是因空气质量改善所带来的健康收益和其他经济社会收益，记为 R_i（i = 1，2）。同时，治理大气污染有成本，包括直接成本和间接成本，记为 C_i（i = 1，2）。在双方同时选择联合治理下，地方政府可以获得的共同收益记为 Rs，同时联合治理会产生成本，记为 Cs。而大气污染物在城市间会相互扩散，属地治理会产生负外部性，记为 E_i。具体而言，E_1 表示地方政府 1 给地方政府 2 带来的负外部性，E_2 表示地方政府 2 给地方政府 1 带来的负外部性。在中央政府进行大气污染治理的有效监管时，会对不选择联合治理中的地方政府给予惩罚 F_i，同时对联合治理的地方政府给予奖励 S_i。

三、参与人的理性程度

按照理性程度分类，可以将参与人分为完全理性和有限理性。完全理性是指参与人清楚地知道在各种对局下的得益，并且也清楚地知道其他参与人在各种对局下的得益。有限理性是指博弈中至少有一个参与人不是完全理性的。有限理性意味着博弈的均衡难以通过参与人的一次选择决定，而是不断学习和调整的结果。因此，有限理性博弈又被称为进化博弈或演化博弈。接下来，本书将分别从中央政府是否监管以及完全理性和有限理性情形分析地方政府开展大气污染治理的博弈均衡结果。

第四节　完全理性假设下的博弈模型

一、中央政府不监管的情形

本节构建在中央政府无监管情形下地方政府大气污染治理的博弈模型，

如表3.1所示。从表3.1可以看出，在中央政府不监管的情形下，地方政府之间是否同时采取联合治理策略，取决于联合治理的净收益（$R_S - C_S$）与“搭便车”所获得正外部性E_i之间的大小。如果$R_S - C_S < E_i$，地方政府均没有激励选取联合治理策略，最终的纳什均衡为（属地治理，属地治理）。也就是说，在中央政府没有强制地方政府必须采取大气污染联防联控的约束前提下，如果联合治理的净收益低于“搭便车”所获得的外部收益，地方政府将趋于采取属地管理的大气污染治理模式。如果$R_S - C_S > E_i$，则存在两个纳什均衡（属地治理，属地治理）和（联合治理，联合治理）。由于在（联合治理，联合治理）的策略组合下，每个参与人的得益均大于在（属地治理，属地治理）下的得益，根据多重纳什均衡删选的帕累托优势标准，参与人更有可能选择（联合治理，联合治理）。但是，如果完全理性不是共同知识，则选择属地治理是风险更小的做法。因此，按照风险优势标准，（属地治理，属地治理）是更受偏好的纳什均衡。

表3.1　　中央政府不监管的博弈得益矩阵

项目		地方政府2	
		属地治理	联合治理
地方政府1	属地治理	$R_1 - C_1 - E_2$，$R_2 - C_2 - E_1$	$R_1 - C_1 + E_2$，$R_2 - C_2 - C_S - E_1$
	联合治理	$R_1 - C_1 - C_S - E_2$，$R_2 - C_2 + E_1$	$R_1 + R_S - C_1 - C_S$，$R_2 + R_S - C_2 - C_S$

从以上分析中可以看出，在中央政府不监管的情形下，地方政府要想实现大气污染联防联控是比较困难的，需要满足一系列条件。

首先，联防联控的净收益不仅要为正，而且必须要超过“搭便车”带来的收益。这表明，各级地方政府需要准确地测算大气污染联防联控带来的收益、开展大气污染联防联控的成本以及大气污染跨界传输导致的外部性。上述问题涉及自然科学、经济学、管理学等交叉学科知识，要想彻底弄清楚这一问题，需要开展跨学科的联合攻关研究，需要有效整合高校和科研院所、各职能部门等力量，单独依靠地方政府的力量往往难以做到。

其次，要有明确的减排责任划分和利益分配补偿机制。即使能够弄清楚大气污染联防联控的收益、成本以及大气污染跨城市的外部性问题，并且联合治理的净收益大于“搭便车”的收益，但如果减排责任分摊以及利益补偿方面没有明确的制度安排，地方政府间联合治理行动仍然难以实现。由于大气环境容量属于公共资源，难以明确产权，地方政府之间关于减排责任的划分以及利益的分配必然陷入旷日持久的谈判，甚至出现推诿扯皮的现象。只有中央政府才具备更大的威望和权力制定有约束性的减排责任划分和利益分配机制，因此，在中央政府监管缺位的情况下，地方政府难以形成联合治理的激励机制。

最后，地方政府间要想形成稳定的联合治理均衡，完全理性必须是共同知识。这不仅要求各个地方政府是完全理性的，而且各个政府之间彼此了解对方也是完全理性的。只有在一方选择联合治理策略后，其他参与人也在完全理性的指导下选择联合治理，地方政府间的联防联控机制才有可能达成。如果一方对对方是否是完全理性存在疑虑，则会出于更加保险的角度选择属地治理，那么联防联控的均衡就难以实现。总体来说，要想地方政府自发地开展大气污染联合治理，需要同时满足联防联控的净收益大于“搭便车”的好处、要存在有约束性的减排责任划分以及利益分配补偿的制度安排、地方政府均是完全理性的且完全理性是共同知识的条件。但是，在中央政府监管缺位的情况下，上述条件难以完全满足，因此，大气污染联防联控难以自发实现。

二、中央政府监管的情形

接下来，我们分析中央政府监管地方政府的策略选择，结果如表3.2所示。与中央政府不监管相比，中央政府会对采取联合治理的地方政府给予奖励，而对不采取联合治理的地方政府给予惩罚。要想达到（联合治理，联合治理）的纳什均衡解，需要满足的条件为：$R_S - C_S + S_i > E_j - F_i$（$i \neq j$）。可以看出，对采取联合治理的地方政府给予奖励，同时（或者）对采取属地治理的地方政府给予惩罚，将增加地方政府采取联合治理的概率，地区政府间的大气污染联防联控机制更有可能达成。当然，中央政府的奖励或者惩罚必须具有可信性。如果只是口头性的警告或者奖励，可能会削弱地方政府采取联合治理的积极性。

表 3.2　　中央政府监管的博弈得益矩阵

项目		地方政府 2	
		属地治理	联合治理
地方政府 1	属地治理	$R_1-C_1-E_2-F_1$，$R_2-C_2-E_1-F_2$	$R_1-C_1+E_2-F_1$，$R_2-C_2-C_S-E_1+S_2$
	联合治理	$R_1-C_1-C_S-E_2+S_1$，$R_2-C_2+E_1-F_2$	$R_1+R_S-C_1-C_S+S_1$，$R_2+R_S-C_2-C_S+S_2$

第五节　有限理性假设下的演化博弈模型

在有限理性情形下，地方政府初始选择某个具体策略具有不确定性。假设地方政府 1 选择联合治理的概率为 x，那么选择属地治理的概率则为 (1－x)。同理，令地方政府 2 选择联合治理的概率为 y，选择属地治理的概率为 (1－y)。

一、中央政府不监管的情形

令地方政府 1 选择联合治理和属地治理的期望收益分别为 EU_{11} 和 EU_{12}，其中：

$$EU_{11}=y(R_1+R_S-C_1-C_S)+(1-y)(R_1-C_1-C_S-E_2)$$
$$=R_1-C_1-C_S+yR_S-(1-y)E_2$$
$$EU_{12}=y(R_1-C_1+E_2)+(1-y)(R_1-C_1-E_2)=R_1-C_1+yE_2-(1-y)E_2$$

令地方政府 1 获得期望收益为 EU_1，则有：

$$EU_1=xEU_{11}+(1-x)EU_{12}=R_1-C_1-xC_S+xyR_S+(2y-xy-1)E_2$$

根据复制动态方程，地方政府 1 采取联合治理的概率随时间的动态调整过程满足如下微分方程：

$$\frac{dx}{dt}=x(EU_{11}-EU_1)=x(1-x)(yR_S-yE_2-C_S)$$

令$\frac{dx}{dt}=0$，得到：

$$x^*=0,x^*=1,y^*=\frac{C_S}{R_S-E_2}$$

类似地，令地方政府 2 选择来联合治理和属地治理的期望收益分别为 EU_{21}和 EU_{22}，其中：

$$\begin{aligned}EU_{21}&=x(R_2+R_S-C_2-C_S)+(1-x)(R_2-C_2-C_S-E_1)\\&=R_2-C_2-C_S+xR_S-(1-x)E_1\end{aligned}$$

$$\begin{aligned}EU_{22}&=x(R_2-C_2+E_1)+(1-x)(R_2-C_2-E_1)=R_2-C_2\\&\quad+xE_1-(1-x)E_1\end{aligned}$$

令地方政府 2 获得期望收益为 EU_2，则有：

$$\begin{aligned}EU_2&=yEU_{21}+(1-y)EU_{22}=R_2-C_2-yC_S+xyR_S\\&\quad+(2x-xy-1)E_1\end{aligned}$$

根据复制动态方程，地方政府 2 采取联合治理的概率随时间的动态调整过程满足如下微分方程：

$$\frac{dy}{dt}=y(EU_{21}-EU_2)=y(1-y)(xR_S-xE_1-C_S)$$

令$\frac{dy}{dt}=0$，得到：

$$y^*=0,y^*=1,x^*=\frac{C_S}{R_S-E_1}$$

根据求出的 x^* 和 y^* 可以得到 5 个局部均衡点：分别是 O（0，0）、A（0，1）、B（1，1）、C（1，0）和 $M\left(\frac{C_S}{R_S-E_1},\frac{C_S}{R_S-E_2}\right)$。接下来，寻找演化稳定策略（evolutionary stable strategy，ESS）。演化稳定策略是指有限理性博弈方通过不断地学习和调整策略，最终达到的趋于稳定的策略。ESS 具有稳定性，即达到 ESS 后，出现部分参与人偏离该策略的情况，也会很快调整回到该策略。

假设 $R_S-C_S>E_i$，即联防联控的净收益大于地方政府“搭便车”的好处，其复制动态相位如图 3.1 所示。根据弗里德曼（Friedman，1991）提出的方法，可以判断出 O（0，0）和 B（1，1）为演化稳定策略。在演化博弈下，经过参与人不断调整策略，会趋向于（属地治理，属地治理）和

（联合治理，联合治理）中的一种结果。至于最终出现哪种结果，与采用联合治理策略的地方政府的初始比例有关，如果初始比例过低（位于图3.1中M点的左下方），则更容易出现（属地治理，属地治理）的演化稳定策略。反之，如果采取联合治理的地方政府的初始比例较高（位于图3.1中M点的右上方），则出现（联合治理，联合治理）结果的概率更高。此外，最终的演化稳定策略也与M点所在的位置有关。M点越往左下方靠（即联合治理的收益越大，或者是联合治理的成本越小），（联合治理，联合治理）出现的概率越高。

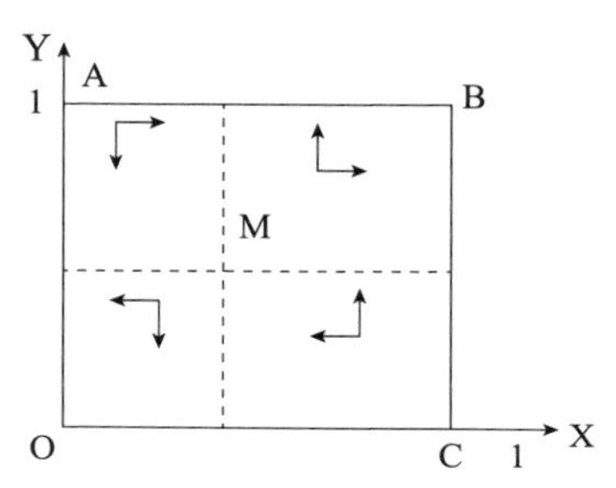

图3.1　中央政府无监管情形下的动态相位

从实践情况来看，区域性大气污染联防联控经历了一个从无到有、从临时性举措到常态化监管的发展历程。我国长期采用属地治理模式应对环境问题，早期的大气污染区域联防联控实践主要是为了应对重要的国际赛事而采用的临时性举措。党的十八大后，我国开始大气污染联防联控的制度建设，包括发布《大气污染防治行动计划》，提出京津冀大气污染联防联控先行先试；成立京津冀及周边地区大气污染防治协作小组成立（后升格为京津冀及周边地区大气污染防治领导小组），每年发布该年度的大气污染防治重点工作，统筹协调京津冀大气污染联防联控工作；成立区域大气污染防治专家委员会，开展区域大气污染成因溯源和传输转化等基础研究工作；建成覆盖全国地级市的空气质量实时监测站点，为大气污染治理提供可靠的数据支持；针对京津冀及周边地区秋冬季霾频发的现状，从2017年开始每年发布《京津冀及周边地区秋冬季大气污染综合治理攻坚行动方案》，制定详细的大气污染防治措施等。从大气污染联防联控机制的发展历程可以看出，在2015年明确提出“2+4”大气污染防治核心区之前，除了临时性的区域大气污染联防联控举措外，我国并没有形成常态化的大气污染联防联控机制，地方政府普遍基于属地模式治理大气污染，具有联合治理思维且采取相应行动的地方政府非常少。在这种初始状态下，地方政府间最终形成了属地治理的演化稳定策略。此外，对区域大气污染联防联控机制的成本效益研究目前仍然处于起步阶段，这在一定程度上进一步弱化了地方政府采取联合治理决策的激励。

二、中央政府监管的情形

令地方政府1选择联合治理和属地治理的期望收益分别为 EU_{11} 和 EU_{12}，其中：

$$EU_{11} = y(R_1 + R_S - C_1 - C_S + S_1) + (1-y)(R_1 - C_1 - C_S - E_2 + S_1)$$
$$= R_1 - C_1 - C_S + S_1 + yR_S - (1-y)E_2$$
$$EU_{12} = y(R_1 - C_1 + E_2 - F_1) + (1-y)(R_1 - C_1 - E_2 - F_1)$$
$$= R_1 - C_1 - F_1 + yE_2 - (1-y)E_2$$

令地方政府1获得期望收益为 EU_1，则有：

$$EU_1 = xEU_{11} + (1-x)EU_{12} = R_1 - C_1 - xC_S + xS_1 - (1-x)F_1$$
$$+ xyR_S + (2y - xy - 1)E_2$$

根据复制动态方程，地方政府1采取联合治理的概率随时间的动态调整过程满足如下微分方程：

$$\frac{dx}{dt} = x(EU_{11} - EU_1) = x(1-x)(yR_S - yE_2 - C_S + S_1 + F_1)$$

令 $\frac{dx}{dt}=0$，得到：

$$x^* = 0, x^* = 1, y^* = \frac{C_S - S_1 - F_1}{R_S - E_2}$$

类似地，令地方政府2选择联合治理和属地治理的期望收益分别为 EU_{21} 和 EU_{22}，其中：

$$EU_{21} = x(R_2 + R_S - C_2 - C_S + S_2) + (1-x)(R_2 - C_2 - C_S - E_1 + S_2)$$
$$= R_2 - C_2 - C_S + S_2 + xR_S - (1-x)E_1$$
$$EU_{22} = x(R_2 - C_2 + E_1 - F_2) + (1-x)(R_2 - C_2 - E_1 - F_2)$$
$$= R_2 - C_2 - F_2 + xE_1 - (1-x)E_1$$

令地方政府2获得期望收益为 EU_2，则有：

$$EU_2 = yEU_{21} + (1-y)EU_{22} = R_2 - C_2 - yC_S + yS_2 - (1-y)F_2 + xyR_S + (2x - xy - 1)E_1$$

根据复制动态方程，地方政府2采取联合治理的概率随时间的动态调整过程满足如下微分方程：

$$\frac{dy}{dt} = y(EU_{21} - EU_2) = y(1-y)(xR_S - xE_1 - C_S + S_2 + F_2)$$

令$\frac{dy}{dt}=0$，得到：

$$y^* = 0, y^* = 1, x^* = \frac{C_S - S_2 - F_2}{R_S - E_1}$$

根据求出的 x^* 和 y^* 可以得到5个局部均衡点：分别是O（0，0）、A（0，1）、B（1，1）、C（1，0）和$M\left(\frac{C_S - S_2 - F_2}{R_S - E_1}, \frac{C_S - S_1 - F_1}{R_S - E_2}\right)$。

类似地，假设 $R_S - C_S + S_j > E_i - F_j\left(\frac{C_S - S_j - F_j}{R_S - E_i} < 1\right)$，即联防联控的净收益加上政府的补贴大于地方政府“搭便车”和罚款的好处。其复制动态相位如图3.2所示。根据弗里德曼（1991）提出的方法，可以判断出O（0，1）和B（1，1）为演化稳定策略，即在演化博弈下，博弈的最终结果将趋于（属地治理，属地治理）或者（联合治理，联合治理）。最终会趋于哪一种结果取决于地方政府初始选择联合治理的概率和M点的位置。初始选择联合治理的地方政府比例越高（位于M点右上角）或者M点的位置越靠向左下角，博弈的演化稳定策略越有可能为（联合治理，联合治理）。与中央政府不监管相比，在中央政府监管的情形下，中央政府可以通过增加对采取联合治理的地方政府的奖励，并且（或者）增加对不采取联合治理的地方政府的处罚，使得M点向左下方移动，从而诱导地方政府采取联合治理行动。

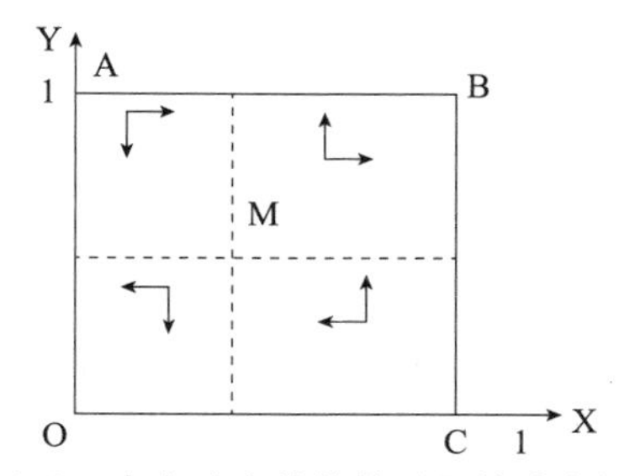

图3.2　中央政府监管情形下的动态相位

第六节　大气污染治理演化博弈的数值模拟

接下来，本书对地方政府会采取的大气污染防治策略开展数值模拟。从以上的分析可以看，在中央政府不监管的情形下，地方政府 1 和地方政府 2 的复制动态方程为：

$$\frac{dx}{dt}=x\ (EU_{11}-EU_1)\ =x\ (1-x)\ (yR_S-yE_2-C_S)$$

$$\frac{dy}{dt}=y\ (EU_{21}-EU_2)\ =y\ (1-y)\ (xR_S-xE_1-C_S)$$

地方政府要想达成联防联控均衡的必要条件为 $R_S-C_S>E_i$，我们据此设定相关参数的数值为 $R_1=3$，$R_2=4$，$R_S=5$，$C_1=2$，$C_2=3$，$C_S=2$，$E_1=1$，$E_2=1.5$。地方政府 1 和地方政府 2 的复制动态相位如图 3.3 所示。从图 3.3 可以看出，通过不断地学习和调整，地方政府间的演化稳定策略将趋于（属地治理，属地治理）或者（联合治理，联合治理）。趋于两个演化稳定策略的比例与鞍点 M 点的位置有关。根据我们给定的数值可以测算出 M（0.5，0.8），由此可以看出，趋向于两个演化稳定策略的比例大致相同。

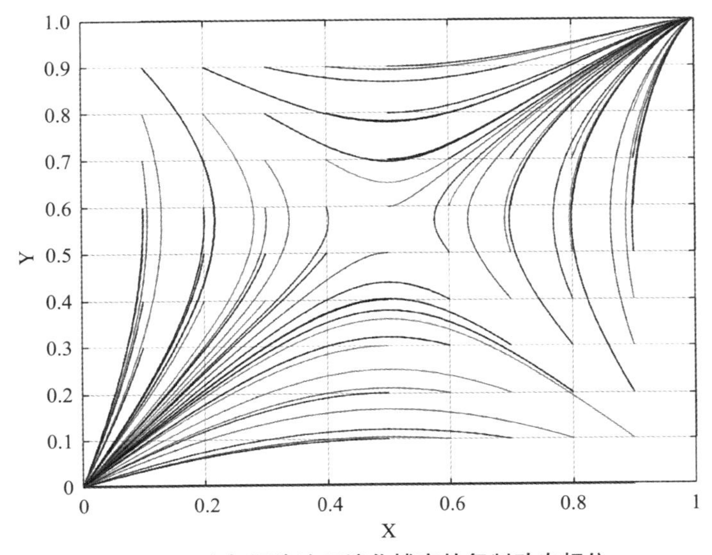

图 3.3　大气污染治理演化博弈的复制动态相位

进一步，给出地方政府1和地方政府2选择联合治理的演化路径，分别如图3.4和图3.5所示。图中横轴T代表迭代次数，纵轴X或者纵轴Y为地方政府1和地方政府2选择联合治理的概率。从图3.4和图3.5中可以看出，经过不断迭代，最终地方政府1和地方政府2均收敛于属地治理或者联合治理，收敛于属地治理或联合治理的概率取决于初始选择联合治理的概率（T=0时对应的值），可以看出，如果初始选择联合治理的地方政府的比例非常小（如0.1），地方政府1或者地方政府2将更可能收敛于属地治理。随着初始选择联合治理的比例不断增加，演化博弈最终趋于联合治理的比例也在不断提升。当初始选择联合治理策略的地方政府的比例非常高的时候（如0.9以上），地方政府1和地方政府2最终几乎都趋于选择联合治理策略。

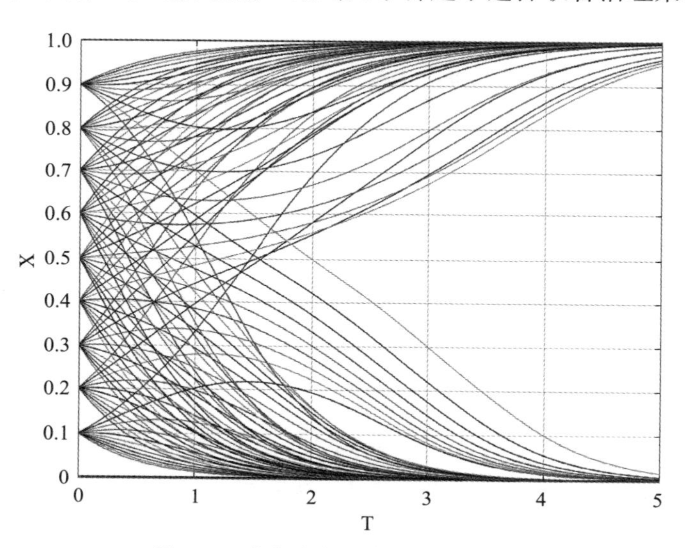

图3.4　地方政府1策略选择的演化

接下来，我们考虑增加地方政府选择联合治理策略的可能性。根据前面的分析，只要M点在原来的基础上向左下方移动，就可以提高地方政府选择联合治理的概率。使M点向左下方移动的方法包括：增加联合治理的收益R_S、减少联合治理的成本C_S，减少搭便车的收益E_i。其中“搭便车”的收益取决于自然条件（风向和风力大小）、地理位置（城市间的距离）以及城市的社会经济属性（经济规模、产业结构）等因素，内生于城市固有属性，这里对其不作讨论。而增加联合治理的收益或者减少联合治理的成本即为增加联合治理的净收益。这里考虑通过增加联合治理的收益来增加

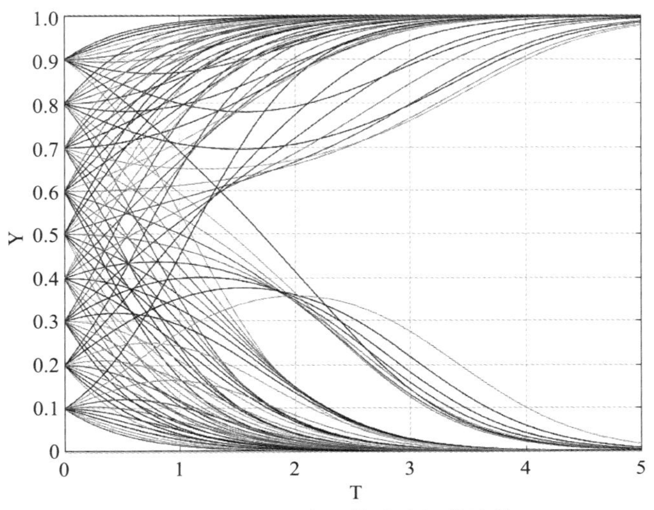

图 3.5 地方政府 2 策略选择的演化

联合治理的净收益（减少联合治理的成本也可以达到类似的效果）。具体而言，在其他参数取值不变的基础上，将联合治理的收益 R_S 从 5 增加到 7，这样联合治理的净收益会从之前的 2 增加到 4。地方政府间的大气污染治理演化博弈的复制动态相位如图 3.6 所示。从图 3.6 中可以看出，与图 3.3 中相比，当联合治理的收益增加后，地方政府间达成大气污染联防联控行动的比例增加，而基于属地治理模式的地方政府的比例大大减少。

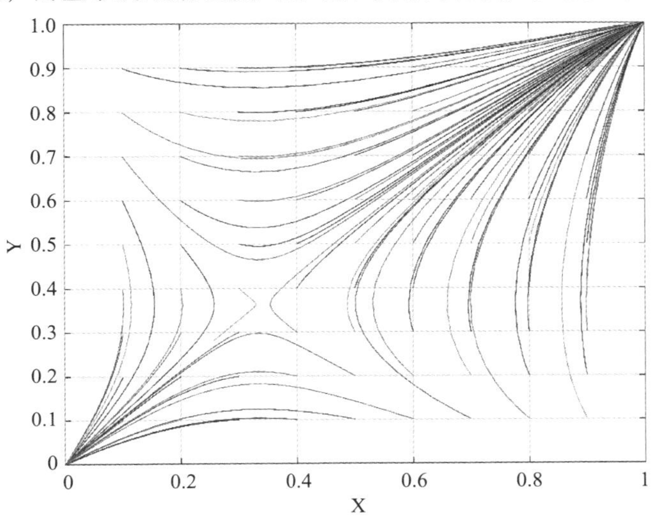

图 3.6 增加联合减排收益后的复制动态相位

接下来，本书进一步对中央政府监管情形进行分析。在中央政府监管的情形下，地方政府 1 和地方政府 2 的复制动态方程为：

$$\frac{dx}{dt} = x(EU_{11} - EU_1) = x(1 - x)(yR_S - yE_2 - C_S + S_1 + F_1)$$

$$\frac{dy}{dt} = y(EU_{21} - EU_2) = y(1 - y)(xR_S - xE_1 - C_S + S_2 + F_2)$$

与中央政府不监管相比，中央政府监管下地方政府的复制动态方程中增加了对执行联合治理的地方政府的奖励 S_i，以及对不执行联合治理的地方政府的惩罚 F_i。在存在中央政府监管的情形下，地方政府要达成联防联控均衡的必要条件为 $R_S - C_S + S_i > E_i + F_i$，我们对已有参数的取值按照中央政府不监管的情况设置，即 $R_1 = 3$，$R_2 = 4$，$R_S = 5$，$C_1 = 2$，$C_2 = 3$，$C_S = 2$，$E_1 = 1$，$E_2 = 1.5$。接下来，我们分情况给出奖励和惩罚的具体数值。

首先，只考虑中央政府对执行联合治理策略的地方政府给予奖励①，令 $S_1 = 0.7$，$S_2 = 0.8$。地方政府大气污染治理演化博弈的复制动态相位如图 3.7 所示。与中央政府对大气污染治理不监管相比（如图 3.3 所示），中央政府对采取联合治理策略的地方政府给予奖励可以显著提高地方政府参与联合治理的积极性。

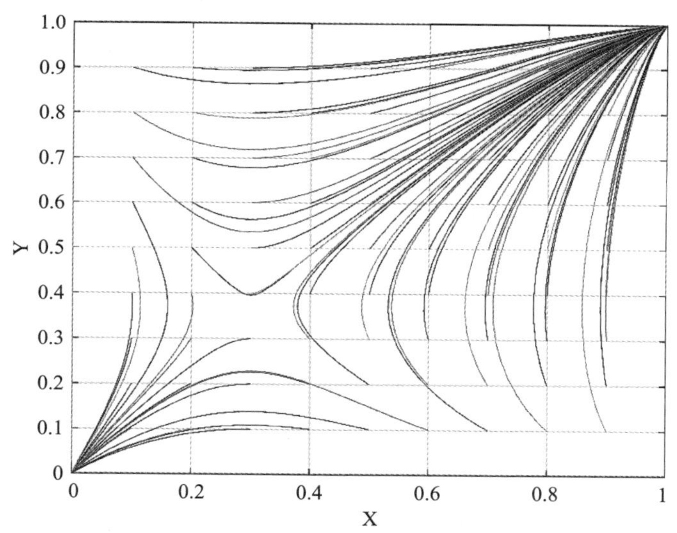

图 3.7　对执行联合治理的地方政府给予奖励的相位

① 中央政府选择惩罚不执行联合治理的地方政府的结果是类似的，在此不作探讨。

其次，考虑中央政府在对执行联合治理的地方政府给予奖励的同时对不执行联合治理的地方政府给予惩罚的情形。复制动态相位如图 3.8 所示。从图 3.8 中可以看出，几乎所有的地方政府最终都趋于选择联合治理的策略。因此，中央政府采取奖励与惩罚相结合的政策，可以显著提升地方政府采取联合治理的激励，即使选择联合治理的地方政府的初始比例很低，经过短暂的调整和学习，也会很快地收敛于联合治理的演化稳定策略。

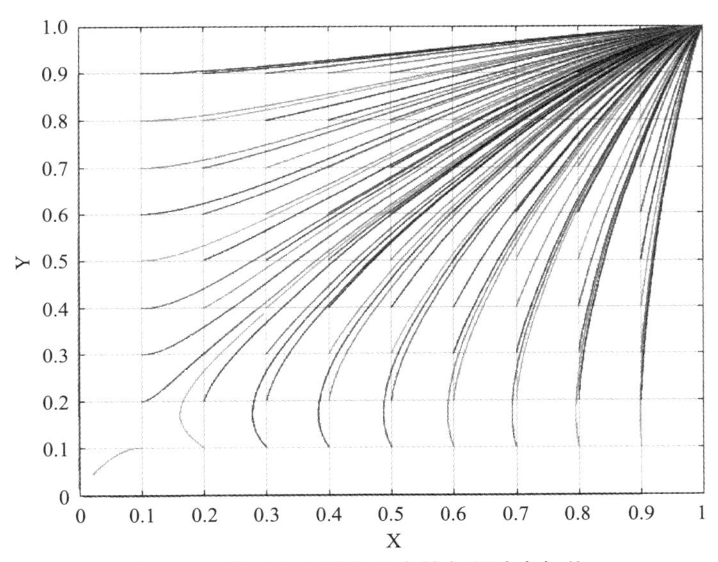

图 3.8　奖励与惩罚相结合的复制动态相位

第七节　本章小结

本章分别构建了中央政府不监管和监管情形下地方政府在大气污染治理上的博弈模型，并且分别从完全理性和有限理性假设条件出发分析了博弈的均衡结果。得出如下主要结论。

（1）在中央政府无监管的情形下，地方政府间达成联防联控的必要条件是联防联控的净收益不仅为正，而且需要超过“搭便车”所获得好处。在实践中，在缺乏中央政府监管的情形下，地方政府之间难以自发形成大气污染联防联控的制度安排。主要原因包括：地方政府对大气污染联防联控的收益、成本、污染防治的外部性等问题认识不清；在没有中央政府介入的条件下，地方政府间对大气污染物减排的责任以及利益分配难以达成一致；完全理性为共同知识的假设条件难以满足，且地方政府采取“以邻为壑”的机会主义策略会削弱地方政府间达成联防联控的积极性。

（2）中央政府有效的奖惩制度能够显著提升地方政府达成大气污染联防联控的概率。与中央政府不监管相比，在中央政府监管的情形下，中央政府可以通过增加对采取联合治理的地方政府的奖励（如在大气污染防治专项资金上给予倾斜），并且（或者）增加对不采取联合治理的地方政府的处罚（如采取约谈、通报、定期组织“回头看”等措施），诱导地方政府采取联防联控策略。

（3）与完全理性假设相比，有限理性情形下地方政府间联防联控机制的达成还受到初始选择联合治理的地方政府的比例影响。党的十八大以前，我国并没有形成常态化的大气污染联防联控机制，地方政府普遍基于属地管理模式治理大气污染，具有联合治理思维且采取相应行动的地方政府非常少。在这种初始状态下，地方政府间难以形成联防联控的演化稳定策略。而在党的十八大之后，尤其是京津冀及周边地区大气污染联防联控的率先实施（以“2+26”城市大气污染的协同治理为标志），起到了模范引领作用，有助于推进我国其他地区地方政府间达成联防联控的制度安排。

第四章　京津冀及周边地区大气污染联防联控与空气质量改善

第一节　引言

化石燃料的大规模使用在促进我国经济增长的同时，也带来了严重的空气污染。《中国生态环境状况公报》的数据显示：2019 年，全国 337 个地级及以上城市，仍有 180 个城市空气质量超标，占比 53.4%。其中，京津冀及周边地区城市空气质量最差，空气优良天数比例平均为 53.1%，比汾渭平原、长三角地区和珠三角地区[①]分别低 8.6 个百分点、23.4 个百分点和 31.4 个百分点。就单项污染物浓度看，京津冀及周边地区 $PM_{2.5}$、PM_{10}、臭氧、二氧化硫、二氧化氮和一氧化碳 6 项污染物浓度年均值比全国平均水平分别高出 58.3%、58.7%、32.4%、36.4%、48.1%和 42.9%。[②]

为了应对京津冀地区严峻的大气污染情况，我国出台了一系列大气污染治理的政策文件，其中，有代表性的政策文件如下。2015 年 5 月 26 日发布《京津冀及周边地区大气污染联防联控 2015 年重点工作》，明确将北京、天津、保定、廊坊、唐山、沧州 6 个城市划为京津冀大气污染防治“2 + 4”核心区。2017 年 2 月 17 日，环保部等部门联合发布《京津冀及周边

---

① 2018 年和 2019 年的《中国生态环境状况公报》中没有报告珠三角地区的优良天数，这里采用 2017 年的《中国生态环境状况公报》中的天数。2017 年，珠三角地区优良天数平均为 84.5%。

② 生态环境部．2019 中国生态环境状况公报［R］．北京：中华人民共和国生态环境部，2020.

地区2017年大气污染防治工作方案》，明确“2+26”城市携手防治。上述两个政策文件包含了明确的政策实施城市和政策实施时间节点，为本书从城市层面定量评估京津冀及周边地区大气污染联防联控的效果提供了依据。

本章的主要目标是定量评估区域大气污染联防联控的效果。多数政策文件和研究仅简单比较政策前后空气质量的变化来评估大气污染防治政策的效果（王振波等，2017；何伟等，2019）。这一方法过于粗糙，无法剥离大气污染防治政策与其他政策的效果，也无法剥离城市空气质量变化的固有趋势（石庆玲等，2016）。为了识别京津冀及周边地区大气污染联防联控与空气质量变化的因果关系，本章利用双重差分法，将样本城市分为实验组和控制组，同时考察实验组和控制组空气质量在大气污染防治政策实施前后的差异。研究发现，区域大气污染联防联控有助于京津冀及周边地区空气质量的改善。平均而言，该政策可以使得京津冀及周边地区的AQI指数下降6.7左右，大约相当于样本均值的7%。动态来看，随着联防联控实施范围的扩大（从“2+4”核心区扩展到“2+26”通道城市）以及大气污染防治政策的日趋严厉，空气质量改善的程度更加明显。一系列检验都表明了上述结论的稳健性。从异质性角度看，大气污染越严重的城市在纳入大气污染联防联控实施范围后，其空气质量改善的程度越大。空气质量的改善程度与城市离政治中心距离或城市经济发展水平关系不大。此外，本书还考察了两项具体大气污染防治政策——《京津冀及周边地区秋冬季大气污染综合治理攻坚方案》《北方地区清洁取暖规划（2017—2021年）》的效果，发现在政策实施期间两项政策均能在一定程度上改善空气质量，但是政策效果不具有持续性。本节有助于科学评估现阶段实施的大气污染联防联控政策，为进一步完善大气污染防治政策提供决策参考。

本章接下来的结构安排如下：第二节为京津冀大气污染防治政策梳理；第三节为研究设计；第四节为实证结果；第五节为稳健性检验；第六节为大气污染防治政策的异质性影响；第七节为两项具体大气污染防治政策——《京津冀及周边地区秋冬季大气污染综合治理攻坚方案》《北方地区清洁取暖规划（2017—2021年）》的效果分析；第八节为本章小节。

第二节　京津冀大气污染防治政策梳理

面对严峻的大气污染形势，国务院于2013年9月10日正式发布《大气污染防治行动计划》（以下简称《大气十条》），提出建立京津冀区域大气防治协作机制，由区域内省级人民政府和国务院相关部门协调解决区域突出的环境问题。同年9月17日，由环境保护部牵头的六部门联合印发《京津冀及周边地区落实大气污染防治行动计划实施细则》，提出在2013年底前，京津冀及周边地区建立健全覆盖区域、省、市的应急响应体系，实行联防联控，并提出到2017年，北京、天津、河北的$PM_{2.5}$浓度较2012年下降25%，山西、山东下降20%，内蒙古下降10%的大气治理目标。

2013年10月，京津冀及周边地区大气污染防治协作小组（以下简称协作小组）成立，旨在加强区域大气污染防治的联合协作，形成大气污染治理合力。2014年6月，协作小组办公室印发《京津冀及周边地区大气污染联防联控2014年重点工作》，提出要统一行动和加强联动，共同治理区域重点污染源和同步解决区域共性问题。主要举措包括：成立区域大气污染防治专家委员会，开展区域大气污染成因溯源和传输转化等基础研究工作；共同控制重点行业氮氧化物排放和挥发性有机物排放、燃煤电厂和燃煤锅炉脱硫脱硝工程以及加大机动车治理力度，共同治理区域重点污染源；共享空气质量数据和管理经验，开展联合执法和宣传活动。

2015年5月26日，协作小组审议通过《京津冀及周边地区大气污染联防联控2015年重点工作》，联手在煤炭消费、化解过剩产能、挥发性有机物治理、机动车污染、港口及船舶污染、秸秆综合利用和禁烧六大重点领域共同治污，并提出将北京、天津、保定、廊坊、唐山、沧州6个城市划为京津冀大气污染防治核心区（“2+4”城市），首次从城市层面联合治理大气污染。

2016年2月，京津冀及周边地区大气污染防治信息共享平台正式上线运行。6月，环境保护部联合北京市、天津市和河北省人民政府共同印发

《京津冀大气污染防治强化措施（2016—2017 年）》，提出以“2 +4”城市为重点，在现有大气污染治理措施的基础上，提高精细化管理水平，进一步加大污染综合治理力度。其中，北京市重点加快农村无煤化工程进程、加速淘汰老旧车和新能源汽车推广、加强重型大货车污染治理；天津市全面落实《大气十条》要求，加大农村地区散煤采暖治理力度；河北省以化解产能过剩为契机，加大产业结构和能源结构调整力度，深度治理工业污染。

2017 年 2 月 17 日，环境保护部、发展改革委、财政部、能源局、京津冀晋鲁豫联合发布《京津冀及周边地区 2017 年大气污染防治工作方案》，明确“2 +26”城市携手防治，进一步加大京津冀大气污染传输通道的治理力度。2017 年 12 月 5 日，10 部门联合发布《北方地区冬季清洁取暖规划（2017—2021 年）》，提出到 2019 年，“2 +26”城市城区清洁供暖率达到 90%，到 2021 年，“2 +26”城市城区全部实现清洁供暖。

为延续《大气十条》以降低颗粒物浓度和重污染天数的思路，2018 年 6 月，国务院印发《打赢蓝天保卫战三年行动计划》，7 月，协作小组进一步升格为京津冀及周边地区大气污染防治领导小组，进一步推动和完善京津冀及周边地区大气污染联防联控协作机制。2021 年 11 月，中共中央、国务院印发《关于深入打好污染防治攻坚战的意见》，对“十四五”时期我国大气污染防治工作进行安排，明确了 2025 年我国地级及以上城市 $PM_{2.5}$浓度下降 10%、空气质量优良天数比率达到 87.5%的目标，确保大气污染防治工作持续深入推进。2022 年 6 月，生态环境部联合国家发展改革委、工信部、国家能源局等六部委印发《减污降碳协同增效实施方案》，将碳达峰、碳中和行动和治理环境污染相结合，坚持减污减碳协同减排，包括大气污染防治在内的环境治理进入新阶段。

此外，为应对京津冀及周边地区秋冬季重度污染天然气频发的现状，生态环境部、发展改革委等部门联合京津冀晋鲁豫 6 个省份分别于 2017 年 8 月、2018 年 9 月、2019 年 10 月、2020 年 10 月、2021 年 10 月连续五次发布《京津冀及周边地区秋冬季大气污染综合治理攻坚行动方案》，提出 $PM_{2.5}$平均浓度、重度及以上污染天然气下降比例等目标。

第三节　研究设计

一、模型构建

当前评价大气污染防治政策的效果主要包括三种方法。一是单差法，即简单比较政策执行前后的空气质量变化。该方法简单直观，但是没有控制住其他影响空气质量的因素，无法剥离大气污染防治政策与其他政策的效果，也无法剥离城市空气质量变化的固有趋势。二是断点回归方法，即考察空气质量在政策实施点上是否出现突变，如果在政策实施前后存在明显的断点，则说明大气污染防治政策对空气质量有显著影响，不过其结论易受估计方法和窗宽选择的影响。三是双重差分法，将样本城市分为实验组和控制组，同时考察实验组实施政策前后空气质量的差异，以及实验组与控制组空气质量的差异。采用双重差分法可以有效控制实验组和控制组共同的空气变化趋势，能够很好地克服内生性问题，其难点是控制组的选择。本书采用双重差分法来评估京津冀及周边地区大气污染防治政策的效果，构建的模型如下：

$$Y_{ct} = \delta_0 + \delta_1 Group_c \times Policy_t + \gamma X_{ct} + \alpha_c + \beta_t + \varepsilon_{ct} \tag{4.1}$$

其中，Y_{ct}表示城市 c 在日期 t 的空气质量指数以及单项污染物浓度；$Group_c$表示城市 c 是否为实验组或控制组，如果为实验组，则为1，否则为0。$Policy_t$ 表示政策是否执行的虚拟变量。政策执行前为0，执行后为1。交叉项 $Group_c \times Policy_t$ 表示实验组在政策实施后的变化，其系数 δ_1 可以用于衡量实行大气污染防治政策的效果。X_{ct}为控制变量，表示影响空气质量的其他因素，包括最高气温、最低气温、温度变化、最大风力、是否下雨、是否下雪、是否有雾（霾）、是否是公休日，另外还包括一组表示季节的虚拟变量和一组表示地区的虚拟变量。α_c 表示城市固定变量，反映不随时间但随城市而异的不可观测的变量。β_t 表示时间固定效应，即不随城市但随时间而变的不可观测的变量。ε_{ct}表示随机扰动项。

政策执行时间。尽管早在2013年9月国务院发布的《大气污染防治行动计划》中就提出建立京津冀区域大气污染防治协作机制，但是首次落实到城市层面的大气污染防治政策为2015年5月26日由京津冀及周边地区大气污染防治协作小组发布的《京津冀及周边地区大气污染联防联控2015年重点工作》，该文件明确将北京、天津，以及河北省的唐山、廊坊、保定、沧州划分为京津冀大气污染防治核心区（“2+4”城市）。因此，本书将“2+4”城市的政策执行时间从2015年6月1日开始设置为1。此外，2017年2月17日环境保护部等部门联合6个省份发布的《京津冀及周边地区2017年大气污染防治工作方案》，进一步加大京津冀大气污染传输通道治理力度，明确“2+26”城市携手防治，将除2+4城市以外的另外22个城市（石家庄、邢台、邯郸、衡水、太原、阳泉、长治、晋城、济南、淄博、济宁、德州、聊城、滨州、菏泽、郑州、开封、安阳、鹤壁、新乡、焦作、濮阳）也纳入大气污染联防联控范围，并提出从2017年3月份开始，各省份安排专人定期报送工作。因此，本书将“2+26”城市中的另外22个城市的政策执行时间从2017年3月1日开始设置为1。

双重差分法中实验组和控制组的确定。在标准的双重差分模型中，政策的执行时间一般是唯一的。但是从前面政策执行时间的分析可以看出，“2+26”城市中，“2+4”城市的政策执行年份与其他22个城市的政策执行时间不一致，存在明显的从试点到推广的特征，因此，本书的模型是一个多期双重差分模型。在多期双重差分模型下，可直接将已经纳入联防联控范围的城市（“2+26”城市）设置为实验组，当实验组中某一个城市与政策执行的时间交互等于1时，说明在该时间点上该城市纳入了大气污染防治范围，在此时间之前，交互项则为0。关于控制组的选择，空气质量在空间相邻城市间具有相似性，因此，本书根据地理位置相邻原则，选择与实验者直接相邻的城市作为控制组，分别为河北省的张家口、承德、秦皇岛，山西省的晋中、吕梁、临汾、忻州，山东省的泰安、潍坊、枣庄、临沂、东营，以及河南省的洛阳、平顶山、许昌、周口、商丘，共17个城市。此外，在多期双重差分模型中，城市固定效应和时间固定效应分别吸收掉了交互项中的主变量 $Group_c$ 和 $Policy_t$，因此，模型（4.1）中不必单独控制这两个主变量（石光等，2016）。

二、变量与数据说明

为了准确地评估联防联控政策在治理大气污染上的效果，需要尽可能地控制住其他影响空气质量的因素，如天气状况、冬季采暖等。本书收集了包含实验组和控制组共45个城市2015年1月1日~2019年12月31日的相关数据，样本观测值为82 170。由于控制变量中采用一个日平均温度的差分项作为温度变化的变量，在初始值上会产生45个缺失值，去除掉缺失值后的样本数量为82 125。以下对各变量进行详细说明。

（一）空气质量

空气质量数据包括空气质量指数和单项大气污染物。其中，空气质量指数（air quality index，AQI）是一个无量纲的综合性指数，其取值范围为0~500，数值越大表明大气污染越严重。根据AQI数值大小，空气质量可分为六级：优（0~50）、良（51~100）、轻度污染（101~150）、中度污染（151~200）、重度污染（201~300）、严重污染（300以上）。单项大气污染物包括：细颗粒物（$PM_{2.5}$）、可吸入颗粒物（PM_{10}）、二氧化硫（SO_2）、二氧化氮（NO_2）、一氧化碳（CO）、臭氧（O_3），一氧化碳的单位为毫克/立方米，其余为微克/立方米。空气质量数据来源于“天气后报”网站。

（二）天气状况

天气状况会对空气质量产生显著影响。参考相关文献（曹静等，2014；石庆玲等，2016），本书控制的气象因素包括：最高气温（Hightemp,℃）、最低气温（Lowtemp,℃）、最大风速（Maxwind）、是否有雨（Rain）、是否有雪（Snow）、是否有雾（霾）（Smog）。另外，气温的变化可能对空气质量产生影响，本书用最高气温和最低气温的算术平均值作为日平均值，用日平均值的一阶差分（Dmeantemp）反映气温变化（陈强等，2017）。天气状况根据“天气后报”网站中的“历史天气”菜单获取整理。

（三）其他变量

是否位于供暖期（Heatsupply）。北方地区冬季空气严重污染频发与冬季大量使用燃煤取暖有关。虽然不同城市均有官方规定的法定供暖期，但各城市具体供暖时间会根据当时的天气状况实时调整，当在法定供暖开始前或者法定供暖结束时点上出现大幅降温的情况，供暖部门会提前供暖或者延迟停暖。因此，实际供暖期与法定供暖期并不完全一致。本书根据公开媒体报道收集实际供暖开始时间与结束时间。当处于供暖期时，取值为1，反之则为0。

是否为法定节假日（Holiday）。节假日因素通过影响人们生产、生活方式，进而对空气质量产生影响（石庆玲等，2016）。一方面，节假日期间的生产污染排放相对较少。另一方面，假期出行可能会对空气质量产生不利影响。法定假日和调休日的数据根据国务院办公厅每年发布的放假安排整理获得。如果是法定节假日或调休日取值为1，反之则为0。

三、描述性统计

表4.1为主要变量的描述性统计。从表4.1中可以看出，空气质量指数的均值为102.1，属于轻度污染，不过这一数值掩盖了不同组别城市在不同时间上的空气质量差异。

表4.1　　主要变量的描述性统计

变量名	观测数	均值	标准差	最小值	最大值
AQI	82 170	102.10	55.83	14	500
$PM_{2.5}$	82 170	64.40	50.32	1	739
PM_{10}	82 170	116.09	72.63	0	1 953
SO_2	82 170	29.72	32.28	1	800
NO_2	82 170	40.37	19.27	1	201
CO	82 170	1.29	0.81	0.08	18.92
O_3	82 170	65.50	39.75	1	296
Heatsupply	82 170	0.34	0.47	0	1
Hightemp	82 170	19.58	10.81	-20	40
Lowtemp	82 170	9.09	10.75	-33	31
Rain	82 170	0.21	0.41	0	1
Snow	82 170	0.02	0.15	0	1
Smog	82 170	0.02	0.13	0	1
Maxwind	82 170	3.31	0.89	2	7
Holiday	82 170	0.32	0.47	0	1

本书进一步将样本城市分为实验组和控制组，结果如图 4.1 所示。从空气质量指数上看，实验组历年空气质量指数的平均值均高于控制组。从空气质量的变化率来看，2016～2019 年，实验组空气质量指数逐年下降率分别为 5.77%、4.30%、6.82%、4.28%，同期控制组空气质量指数逐年下降率分别为 3.09%、0.57%、3.98%、1.27%。可以看出，实验组空气质量指数下降程度均大于同期控制组空气质量下降幅度。不过这种降幅差异是否显著，是否是由大气污染防治政策导致的等问题，还需要通过模型结果来进一步检验。

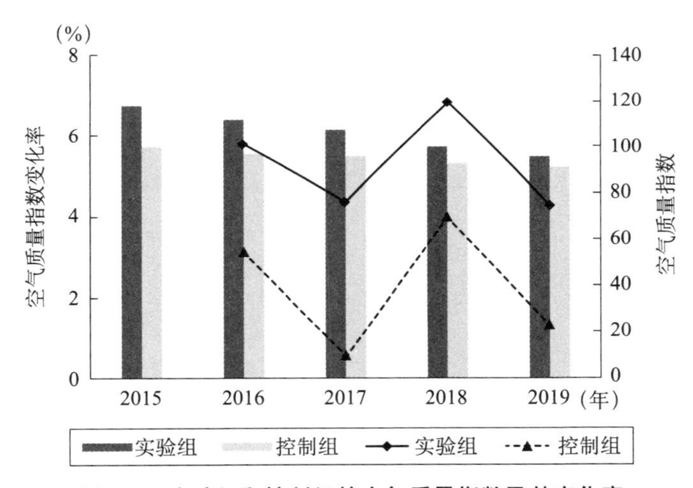

图 4.1　实验组和控制组的空气质量指数及其变化率

第四节　实证结果

一、大气污染防治政策的整体效果

京津冀及周边地区大气污染联防联控对空气质量的影响如表 4.2 所示。第（1）列为 OLS 估计的结果。第（2）列为个体固定效应模型的结果，仅控制了城市固定效应，没有控制时间固定效应。第（3）列为双向固定效应模型的结果。从结果中可以看出，大气污染联防联控政策显著改善了该地区空气质量，空气质量指数下降了大约 -6.7，相当于样本均值的 6.6%，其他控制变量的估计结果基本上均符合预期。王恰和郑世林（2019）以“2+26”城市为处理组，全国其他 292 个城市作为参照组，基于 2016 年 10 月 1 日和 2018 年 3 月 31 日的数据，采用双重差分模型，发现实施“2+26”城市联合防治政策后，AQI 指数下降了 -9.479，与本书的估计结果相似。与王恰和郑世林的研究不同，首先，本书根据相邻城市在空气质量和气候条件等因素相似的原则，选择与“2+26”城市相邻的 17 个城市作为控制组。其次，从“2+4”核心区到“2+26”城市，京津冀地区大气污染防治政策存在明显的从试点到推广的特征，采用多期双重差分模型比单期双重差分模型更加科学。最后，本书的样本时间为 2015 年 1 月 1 日 ~2019 年 12 月 31 日，比王恰和郑世林的样本时间更长，估计的结果更具代表性。

表 4.2　基本回归结果

变量	(1)	(2)	(3)
	AQI	AQI	AQI
Group × Policy	-12.231***	-13.075***	-6.736**
	(1.982)	(1.910)	(2.615)
Hightemp	2.001***	2.299***	2.193***
	(0.295)	(0.266)	(0.305)
Lowtemp	-0.416	-1.026***	1.705***
	(0.375)	(0.303)	(0.401)
Dmeantemp	-0.157	-0.004	-1.970***
	(0.203)	(0.195)	(0.266)
Rain	-1.435*	0.064	0.075
	(0.853)	(0.800)	(0.688)
Snow	-1.296	0.114	6.988***
	(2.812)	(2.907)	(2.544)
Smog	117.135***	115.128***	57.395***
	(4.852)	(4.675)	(5.479)
Maxwind	-2.837***	-2.415***	-2.171***
	(0.450)	(0.421)	(0.460)

续表

变量	(1)	(2)	(3)
	AQI	AQI	AQI
Heatsupply	33.706***	32.397***	0.673
	(4.712)	(4.013)	(3.474)
Vocation	3.098***	3.227***	43.309***
	(0.257)	(0.242)	(6.937)
Spring	-26.919***	-24.440***	-89.800***
	(2.846)	(2.606)	(17.651)
Summer	-53.559***	-46.972***	-112.942***
	(3.000)	(2.187)	(13.821)
Fall	-35.212***	-32.071***	-11.609*
	(2.740)	(2.390)	(6.205)
城市固定效应	No	Yes	Yes
时间固定效应	No	No	Yes
观测值	82 125	82 125	82 125
R^2	0.272	0.257	0.626

注：括号内为稳健标准误；*** 表示 $p<0.01$，** 表示 $p<0.05$，* 表示 $p<0.1$。

二、平行趋势检验

表4.2中估计结果无偏的前提条件是在大气污染防治政策实施前，控制组和实验组在空气质量上应该具有相同的变动趋势，即实验组和控制组满足平行趋势假设。如果平行趋势假设成立，则空气质量的改善应该发生在大气污染防治政策执行之后，在大气污染联防联控政策实施前，实验组和控制组不存在显著差异。本书在式（4.1）的基础上进一步构建如下模型开展平行趋势检验：

$$Y_{ct} = \delta_0 + \sum_{i=-5}^{5}\delta_i Group_c \times Policy_{t-i} + \gamma X_{ct} + \alpha_c + \beta_t + \varepsilon_{ct} \qquad (4.2)$$

其中，$Policy_{t-i}$表示政策实施时间的虚拟变量。如果 $t-i$ 期实施了大气污染联防联控政策，则取1，否则取0。$\delta_{-5} \sim \delta_{-1}$表示大气污染防治政策实施前的效果，$\delta_1 \sim \delta_5$ 表示大气污染防治政策实施后的效果。为了防止共线性问题，本书采用政策执行当期作为基准组，其估计结果如图 4.2 所示。其中，虚线表示“2+26”城市大气污染联防联控政策实施的时间节点，各垂直线代表估计系数 δ_i 及其95%的置信区间。从图 4.2 中可以看出，在实施“2+26”城市联防联控政策前控制组和实验组不存在显著差异，平行趋势假设成立。在实施“2+26”城市空气污染联防联控后，AQI 指数显著下降，这说明“2+26”城市联防联控确实有助于改善京津冀及周边地区的空气质量。

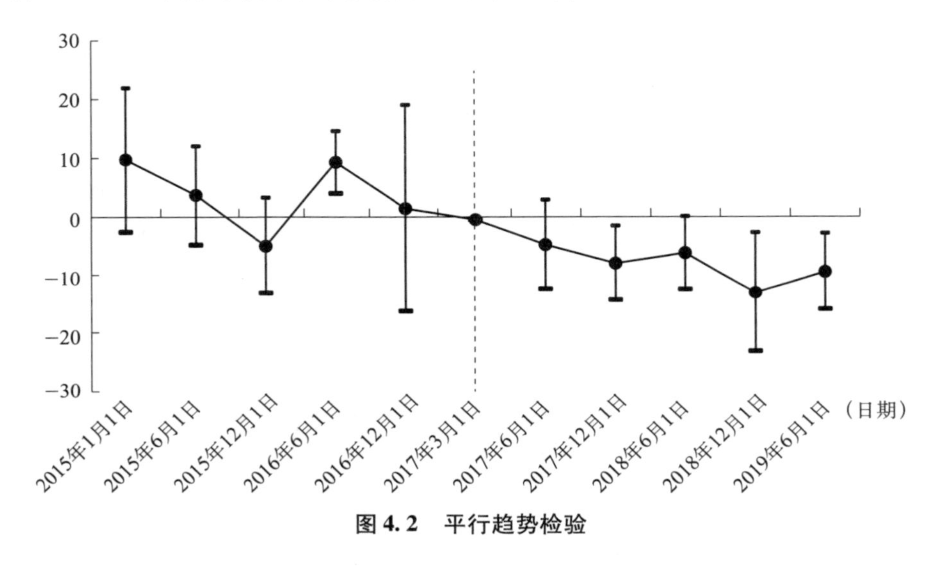

图 4.2　平行趋势检验

三、大气污染防治政策对各项污染物浓度的影响

大气污染防治政策对各项污染物浓度的影响结果如表 4.3 所示，估计方法为双向固定效应模型。从表 4.3 中可以看出，除了一氧化碳和臭氧（O_3）外，大气污染防治政策均有效降低了其他污染物的浓度。一氧化碳主要来源于化石燃料的不完全燃烧，而臭氧主要是由氮氧化物和挥发性有机物等在阳光作用下的光化学反应所产生的一种二次污染物，当挥发性有机物受到限制时，氮氧化物的减少可能会增加臭氧（Greenstone et al.，2021；Salvo and Geiger，2014）。此外，梁和朗拜因（Liang and Langbein，2015）的研究发现，污染指标是否纳入考核指标也会影响污染的治理效果。当某些污

染指标纳入环境绩效考核后，针对该项污染指标的治理效果越明显。当前政策对臭氧的关注度不足，也会对该类污染物的治理产生影响。

表 4.3　　大气污染防治政策对各项污染物浓度的影响

变量	(1)	(2)	(3)	(4)	(5)	(6)
	$PM_{2.5}$	PM_{10}	SO_2	NO_2	CO	O_3
Group × Policy	-6.530***	-12.727***	-6.335**	-3.518**	-0.091	5.237**
	(2.254)	(3.482)	(2.708)	(1.621)	(0.066)	(1.978)
控制变量	Yes	Yes	Yes	Yes	Yes	Yes
城市固定效应	Yes	Yes	Yes	Yes	Yes	Yes
时间固定效应	Yes	Yes	Yes	Yes	Yes	Yes
观测值	82 125	82 125	82 125	82 125	82 125	82 125
R^2	0.662	0.653	0.576	0.685	0.627	0.824

注：括号内为稳健标准误；*** 表示 $p<0.01$，** 表示 $p<0.05$。

第五节　稳健性检验

一、剔除可能造假的空气质量数据

由于空气质量指数在 100 前后被人为地划分为良和轻度污染两个级别，部分城市为了完成上级规定的优良天数占比，在时间空气质量指数超过 100 但不多的情况下，有可能会存在人为调低空气质量指数的情况（石庆玲等，2016；Ghanem and Zhang，2014）。为了排除伪造数据对基本结论的影响，本书分别剔除［95，105］和［90，110］之间的数据后重新估计。这里汇报剔除空气质量指数位于［95，105］区间后的估计结果，以及剔除空气质量指数位于［90，110］后的估计结果，分别如表 4.4 和附表 1 所示。可以看出，剔除可能的伪造数据后，前面的基本结论仍然是成立的，即大气污染联防联控政策确实能够达到改善空气质量的目的。格林斯通等（Greenstone et al.，2021）将 2013 年以来的中国实时监测数据与卫星数据以及美国驻中国大使馆数据展开对比，发现不同数据源的数据高度吻合，从而认为中国全国范围内的实时监测系统的数据是比较可靠的，基于该数据的实证结果是可靠的。

表 4.4 剔除掉 AQI 位于［95，105］区间的数

变量	(1)	(2)	(3)
	AQI	AQI	AQI
Group × Policy	-13.359***	-14.212***	-7.129**
	(2.127)	(2.059)	(2.698)
控制变量	Yes	Yes	Yes
城市固定效应	No	Yes	Yes
时间固定效应	No	No	Yes
观测值	74 545	74 545	74 545
R^2	0.286	0.270	0.662

注：括号内为稳健标准误；*** 表示 $p<0.01$，** 表示 $p<0.05$。

二、反事实检验

人为设置政策的执行时间，然后观察政策对空气质量的影响。如果人为构造的大气污染防治政策下也出现了空气质量的改善，则说明前面空气质量改善的原因可能是由其他未观测因素引起的。本书假定 2015 年 6 月 1 日前为政策执行期，即在 2015 年 6 月 1 日前，政策虚拟变量设置为 1，从 2015 年 6 月 1 日后开始设置为 0，估计结果如表 4.5 所示。可以看出，在人为构造的大气污染防治政策效应下，实验组与控制组的空气质量并没有显著差异，这反过来证明了前面基本结论的可靠性。

表 4.5 大气污染联防联控政策的反事实检验

变量	(1)	(2)	(3)
	AQI	AQI	AQI
Group × Policy_p	5.793	5.926	6.603
	(4.442)	(4.429)	(4.470)
控制变量	Yes	Yes	Yes
城市固定效应	No	Yes	Yes
时间固定效应	No	No	Yes
观测值	82 125	82 125	82 125
R^2	0.267	0.251	0.643

注：括号内为稳健标准误。

三、大气污染防治政策的动态效果

大气污染联防联控分为两个阶段，时间节点分为2015年5月26日将"2+4"城市设为防治核心区，以及2017年2月17日推广到"2+26"城市。本书设置第一个阶段政策执行变量Policy1，政策执行区间为2015年6月1日~2017年3月1日，实验组为"2+4"核心城市，其他城市为控制组。同理，本书设置第二个阶段政策执行变量为Policy2，政策执行区间为2017年3月1日后，实验组为"2+26"城市，其他城市为控制组。估计结果如表4.6所示。

表4.6　两个阶段大气污染防治政策的效果差异

变量	(1)	(2)	(3)
	AQI	AQI	AQI
Group × Policy1	0.058	-0.643	0.664
	(4.463)	(2.026)	(2.288)
Group × Policy2	-13.395***	-13.588***	-9.283***
	(1.933)	(1.941)	(2.902)
控制变量	Yes	Yes	Yes
城市固定效应	No	Yes	Yes
时间固定效应	No	No	Yes
观测值	82 125	82 125	82 125
R^2	0.274	0.259	0.644

注：括号内为稳健标准误；*** 表示 $p<0.01$。

从表4.6中可以看出，第一个阶段的大气污染防治效果并不明显，实验组和控制组之间并没有显著差异，但是在第二阶段中大气污染防治效果变得显著，空气质量指数大约下降了9，大约相当于样本均值的8.5%。可以看出，大气污染防治政策实施范围扩展到"2+26"城市后，政策改善空气质量的效果才开始显现出来。该结论与宋等（Song et al.，2020）的结论类似。宋等指出，大气污染联防联控范围的扩大有助于更好更快地完成集体行动，并且严格的监督和问责制减少了联盟成员"搭便车"的行为。大气污染联防联控能够有效缓解大气污染物在各城市之间的溢出效应，实现地方政府从各自为政到协同治理，实现区域空气质量的整体改善（王恰和郑世林，2019）。

进一步以2015年为基准，分别设置2016～2019年的年度虚拟变量Policy2016，Policy2017，Policy2018和Policy2019。从表4.7中可以看出，大气污染防治政策在2016年和2017年并没有显著改善空气质量，政策效果在2018年和2019年显现出来，且有增加的趋势。这说明，随着大气污染防治政策实施城市的增加以及治理政策日趋严格，空气质量改善的效果逐渐显现出来。

表4.7　　大气污染联防联控政策的分年效果

变量	(1)	(2)	(3)
	AQI	AQI	AQI
Group × Policy2016	-5.556	-6.758***	-0.665
	(3.897)	(2.034)	(1.783)
Group × Policy2017	-4.297	-4.413	-5.349
	(3.275)	(3.299)	(3.374)
Group × Policy2018	-6.159*	-6.350**	-8.169**
	(3.080)	(3.118)	(3.261)
Group × Policy2019	-9.836**	-9.948**	-11.607***
	(3.845)	(3.848)	(3.810)
控制变量	Yes	Yes	Yes
城市固定效应	No	Yes	Yes
时间固定效应	No	No	Yes
观测值	82 125	82 125	82 125
R^2	0.277	0.262	0.644

注：括号内为稳健标准误；*** 表示 $p<0.01$，** 表示 $p<0.05$，* 表示 $p<0.1$。

第六节　大气污染防治政策的异质性影响

部分学者研究发现，大气污染治理政策的效果在不同城市存在差异

(Mitchell et al.，2015)。本节分析大气污染联合防治政策对不同特征城市的异质性影响。这里主要尝试回答以下问题：污染越严重的城市在纳入联防联控范围后空气质量的改善是否越明显？离政治中心城市的距离是否会影响空气质量的改善效果？经济发展程度差异是否会影响不同城市大气污染防治的效果？

一、污染状况对大气污染防治政策效果的影响

首先需要明确在大气污染联防联控政策前的城市污染状况。由于联防联控政策包含两个阶段，这里以 2017 年 3 月 1 日前各城市空气质量的均值按照从大到小排序，设置一个虚拟变量 Pollution，令排名的前 50% 的城市为 1，其余城市为 0，估计方程如式（4.3）所示。

$$Y_{ct} = \alpha_c + \beta_t + \delta Group_c \times Policy_t \times Pollution_c + \theta_1 Group_c \times Policy_t + \theta_2 Group_c \times Pollution_c + \theta_3 Policy_t \times Pollution_c + \gamma X_{ct} + \varepsilon_{ct} \quad (4.3)$$

δ 是我们重点关心的系数，表示大气污染严重的城市在实施大气污染防治政策的效果。模型的估计结果如表 4.8 所示。可以看出，三重交互项的系数为负，这说明污染越严重的城市，在实施大气污染联防联控政策后，其空气质量的改善程度越大。

表 4.8　　　　大气污染状况对联防联控政策效果的影响

变量	(1)	(2)	(3)
	AQI	AQI	AQI
Group × Policy × Pollution	−12.548***	−14.031***	−15.785***
	(3.064)	(3.096)	(3.240)
控制变量	Yes	Yes	Yes
城市固定效应	No	Yes	Yes
时间固定效应	No	No	Yes
观测值	82 125	82 125	82 125
R^2	0.279	0.259	0.646

注：括号内为稳健标准误；*** 表示 $p<0.01$。

值得注意的是，是否属于污染更严重的城市与选择的时间节点有关。作为对结论的稳健性考察，我们重新按照2015年6月1日前各城市空气质量均值从大到小排序，按照类似的方法设置虚拟变量Pollution，再次估计模型的结果，如附表2所示。结果表明，上述结论仍然是成立的。

二、离政治中心的距离对大气污染防治效果的影响

本节考察各城市大气污染防治效果是否与离政治中心的远近有关系。这里从两个角度来分析：一是离首都北京的距离，二是离各自省会的距离。从政策实践上看，从“2+4”核心区城市到“2+26”城市，体现了携手共治以确保北京空气质量持续改善的目的。从表4.9和附表3中可以看出，三重交互项均不显著，说明大气污染防治效果并不存在首都效应或者省会效应，即并没有经验证据表明离首都或者各自省会的距离越近，空气质量改善程度越强。[①]

表4.9　离首都距离对大气污染联防联控政策效果的影响

变量	(1)	(2)	(3)
	AQI	AQI	AQI
Group × Policy × Distance	0.008 (0.013)	0.006 (0.014)	0.021 (0.015)
控制变量	Yes	Yes	Yes
城市固定效应	No	Yes	Yes
时间固定效应	No	No	Yes
观测值	82 125	82 125	82 125
R^2	0.281	0.257	0.644

注：括号内为稳健标准误。

三、经济发展状况对大气污染防治效果的影响

经济发展状况可能会影响大气污染防治政策的效果。格林斯通等

① 本书也考察了大城市（省会城市和直辖市）与其他城市在大气污染防治效果上的差异，发现大城市在大气污染防治效果方面与其他城市并没有显著性差异。

（2021）对中国2015～2018年的中国空气质量开展空间异质性分析后发现，经济发展程度越高的城市，其空气质量改善的程度越明显。这里我们分别以各城市2017年的人均地区生产总值和地区生产总值来衡量城市的经济发展状况，数据来源于《中国城市统计年鉴》（2018），考察城市经济发展差异对大气污染防治政策效果的影响，估计结果如表4.10和附表4所示。

表4.10 人均地区生产总值差异对大气污染防治效果的影响

变量	(1)	(2)	(3)
	AQI	AQI	AQI
Group × Policy × lnPGDP	-0.475 (4.148)	-0.570 (3.901)	-1.345 (4.102)
控制变量	Yes	Yes	Yes
城市固定效应	No	Yes	Yes
时间固定效应	No	No	Yes
观测值	82 125	82 125	82 125
R^2	0.274	0.257	0.643

注：括号内为稳健标准误。

从表4.10和附表4中可以看出，无论是采用人均地区生产总值（PGDP）还是地区生产总值（GDP），三重交互项的系数在统计意义上并不显著，即城市经济发展差异对大气污染防治效果没有显著影响。这在一定程度上表明，当前京津冀及周边地区的大气污染防治更多是政府驱动的，而非市场（经济）驱动的。我们的结论与格林斯通等的结论存在差异，其原因是格林斯通等从统计相关性角度揭示了经济发展程度和空气质量改善的相关关系，并非两者的因果性关系。

第七节 大气污染防治政策两项具体措施的效果分析

前面分析讨论了京津冀大气污染联防联控政策在改善空气质量上的整体效果。这里，我们重点考察大气污染防治的两项特别措施：一是《京津冀及周边地区秋冬季大气污染综合治理攻坚行动方案》，二是《北方地区冬季清洁供暖规划（2017—2021 年）》。

一、《京津冀及周边地区秋冬季大气污染综合治理攻坚行动方案》

秋冬季是京津冀及周边地区重污染天气频发的季节。为了有效应对重污染天气，生态环境部从 2017 年开始连续三年印发《京津冀及周边地区秋冬季大气污染综合治理攻坚行动方案》（以下简称《攻坚方案》），规定了秋冬季 $PM_{2.5}$平均浓度下降目标和重度及以上污染天气减少目标，实施时间为当年 10 月 1 日到次年 3 月 31 日，实施范围为“2 +26”城市。《攻坚方案》的效果如表 4. 11 所示。

表 4. 11　《攻坚方案》的效果

变量	整体效果		分年效果	
	(1)	(2)	(1)	(2)
	AQI	AQI	AQI	AQI
Group × Plan	-4. 501 (2. 796)	-4. 849 ** (2. 259)		
Group × Plan2017			-3. 498 (2. 948)	-3. 962 (2. 617)
Group × Plan2018			-5. 513 (4. 139)	-5. 834 * (3. 346)
Group × Plan2019			-4. 479 * (2. 362)	-4. 659 ** (2. 195)
控制变量	Yes	Yes	Yes	Yes
城市固定效应	Yes	Yes	Yes	Yes
时间固定效应	No	Yes	No	Yes
观测值	82 125	82 125	82 125	82 125
R^2	0. 253	0. 643	0. 254	0. 643

注：括号内为稳健标准误；** 表示 $p < 0.05$，* 表示 $p < 0.1$。

从表 4. 11 中可以看出，考虑时间固定效应后，无论是整体效果还是分年效果，《攻坚方案》实施期间，空气质量均得到了一定程度上的改善，这说明《攻坚方案》在改善空气质量方面是有一定效果的，王恰和郑世林（2019）针对秋冬季的研究也得到类似的结论。相较而言，本书的估计系数更小，其主要原因是王恰和郑世林是比较两个秋冬季之间空气质量的差异，而本书是比较《攻坚方案》与其他季节空气质量的差异，考虑到秋冬季的大气污染更为严重，《攻坚方案》治理大气污染的效果在一定程度上被部分抵消，从而本书的估计系数相对王恰和郑世林的估计系数偏小。

参照石庆玲等（2016）的做法，本书进一步考察《攻坚方案》在改善空气质量方面是否具有持续性。这里我们分别引入《攻坚方案》开始实施前2周、前1周，以及攻坚方案实施结束后1周、后2周来考察《攻坚方案》效果的持续性，模型估计结果如表4.12所示。可以看出，在《攻坚方案》实施开始实施之前，通过治理“散乱污”企业、强化面源污染防控等措施，空气质量改善的效果已经提前显现。但是，在次年3月份《攻坚方案》结束以后，空气质量指数又出现了反弹，空气质量又出现恶化趋势，这说明《攻坚方案》在改善空气质量方面的效果是临时的，缺乏持续性。张等（2023）的研究也表明，《攻坚方案》确实改善了秋冬季的空气质量，能够有效减少$PM_{2.5}$、PM_{10}、二氧化硫和臭氧的排放。但是该政策创造的蓝天是政策诱导的，在《攻坚方案》结束后空气质量会出现恶化，出现报复性污染现象。

表4.12　《攻坚方案》效果的持续性

变量	(1)	(2)	(3)
	AQI	AQI	AQI
前2周	-26.256***	-24.939***	-93.004***
	(1.217)	(1.290)	(21.299)
前1周	-26.416***	-25.583***	-94.763***
	(1.359)	(1.377)	(21.741)
Group × Plan	-4.408**	-5.642***	-4.849**
	(1.824)	(1.822)	(2.258)
后1周	14.080***	12.525***	28.746**
	(2.321)	(2.105)	(11.841)

续表

变量	(1)	(2)	(3)
	AQI	AQI	AQI
后2周	11.345*** (3.093)	9.902*** (2.970)	78.869*** (6.220)
控制变量	Yes	Yes	Yes
城市固定效应	No	Yes	Yes
时间固定效应	No	No	Yes
观测值	82 125	82 125	82 125
R^2	0.273	0.257	0.625

注：括号内为稳健标准误；*** 表示 $p<0.01$，** 表示 $p<0.05$。

二、《北方地区冬季清洁取暖规划（2017—2021年）》

我国北方地区取暖用能以燃煤为主，截至2016年底，燃煤取暖面积占北方地区取暖总面积的83%。一系列研究表明，以燃煤为主的集中供暖政策导致北方地区空气质量恶化，损害了人体健康（Chen et al.，2013；Ebenstein et al.，2017；Fan et al.，2020）。为了改善空气质量，2017年，国家发展改革委印发《北方地区冬季清洁取暖规划（2017—2021年）》（以下简称《取暖规划》），提出到2019年，北方地区清洁取暖率达到50%。并且要以“2+26”城市为重点，到2019年，“2+26”城市城区清洁取暖率要达到90%以上。

本书设置虚拟变量Heat代表是否开展清洁供暖，从2017年下半年开始设置为1。表4.13考察了《取暖规划》的效果，可以看出，《取暖规划》有助于改善空气质量。史丹和李少林（2018）的研究也发现，推行“煤改气”“煤改电”等清洁供暖计划能够减少粉尘和二氧化硫排放量，从而改善空气质量。

表4.13　《取暖规划》的效果

变量	(1)	(2)	(3)
	AQI	AQI	AQI
Group × Heat × Heatsupply	−5.955*** (1.573)	−6.344*** (1.527)	−4.531** (2.244)

续表

变量	(1)	(2)	(3)
	AQI	AQI	AQI
控制变量	Yes	Yes	Yes
城市固定效应	No	Yes	Yes
时间固定效应	No	No	Yes
观测值	82 125	82 125	82 125
R^2	0. 276	0. 261	0. 645

注：括号内为稳健标准误；*** 表示 p<0.01，** 表示 p<0.05。

类似地，本书进一步考察《取暖规划》在改善空气质量上的持续性。从表 4.14 中可以看出，《取暖规划》对空气质量的改善作用主要发生在供暖期间，在非供暖期间，《取暖规划》对空气质量没有显著的改善作用。

表 4.14　　《取暖规划》效果的可持续性

变量	(1)	(2)	(3)
	AQI	AQI	AQI
前 2 周	27. 455 ***	25. 591 ***	-0. 973
	(2. 646)	(2. 326)	(2. 171)
前 1 周	30. 569 ***	28. 763 ***	-0. 155
	(2. 838)	(2. 501)	(2. 994)
Group × Heat × Heatsupply	-2. 492	-3. 102 *	-4. 654 **
	(1. 656)	(1. 573)	(2. 298)
后 1 周	14. 711 ***	12. 884 ***	-2. 032
	(2. 991)	(2. 628)	(2. 778)
后 2 周	21. 264 ***	20. 023 ***	-1. 601
	(2. 523)	(2. 413)	(2. 368)
控制变量	Yes	Yes	Yes
城市固定效应	No	Yes	Yes
时间固定效应	No	No	Yes
观测值	82 125	82 125	82 125
R^2	0. 283	0. 267	0. 645

注：括号内为稳健标准误；*** 表示 p<0.01，** 表示 p<0.05，* 表示 p<0.1。

第八节　本章小结

本章基于多期双重差分模型考察了京津冀大气污染联防联控政策在改善空气质量方面的效果。结果表明，京津冀及周边地区大气污染联防联控政策确实有助于改善该地区空气质量，平均而言，该政策使得空气质量指数下降 -6.7，相当于样本均值的 6.6%。分阶段看，当联防联控范围从“2+4”核心区推广到“2+26”城市后，政策改善空气质量的效果才显现出来。从分年效果上看，随着联防联控纳入的城市增加以及治理措施的日趋严格，政策改善空气质量的效果逐渐显现出来。在政策效果的异质性方面，我们发现，污染程度越高的城市，在纳入大气污染联防联控范围后，空气质量改善的程度越大。同时，我们还考察了离政治中心距离（首都、省会）、城市经济发展水平差异对大气污染治理效果的影响，发现两者对大气污染防治的效果没有显著性影响。最后，本章考察了两项具体大气污染防治政策——《京津冀及周边地区秋冬季大气污染综合治理攻坚方案》《北方地区冬季清洁取暖规划（2017—2021 年）》的效果。研究发现，两项政策在实施期间都能够在一定程度上改善空气质量，但是空气质量的改善效果均不具有持续性。本书的研究结论能够为进一步推进和完善大气污染联防联控政策提供决策参考。

第五章　大气污染联防联控与污染产业转移

第一节　引言

第四章考察了京津冀及周边地区大气污染联防联控政策在改善空气质量方面的效果，发现区域大气污染联防联控政策确实在一定程度上能够改善该地区的空气质量。但是，这一政策是否会导致污染产业向周边或其他地区转移，从而恶化其他地区的空气质量呢？如果该政策确实导致了污染产业向外转移的话，那么在后面开展京津冀及周边地区大气污染联防联控的成本效益分析时，则需要将政策的外部性考虑在内。

对污染产业转移的研究始于跨国研究，主要集中在发达国家对发展中国家的污染产业转移。发展中国家相对宽松的环境规制政策，可能会导致污染产业从发达国家向发展中国家转移，使得发展中国家成为“污染避难所”或者“污染天堂”（List et al.，2003；Li and Zhou，2017），一些学者对是否存在“污染避难所”效应进行了一系列检验，得出的结论不尽一致（Jaffe et al.，1994；Levinson，1996；Wheeler，2001；Copeland and Taylor，2004；Kellenberg，2009）。关于以中国为研究对象的跨国污染转移研究，主要是考察外商直接投资（FDI）对污染跨国转移的影响，如迪安等（Dean et al.，2009）、朱平芳等（2011）、包群和陈媛媛（2012）等。上述研究由于研究对象、选取时间区间以及研究方法等的差异，得出的结论并不一致。

作为世界上最大的发展中国家，中国仍然面临地区间发展不平衡的问题，不同地区在环境规制上的差异可能会诱发污染产业的跨区域转移。目前，关于国内污染转移的研究，主要是从行业和企业两个维度展开。行业层面，侯伟丽等（2013）基于1996～2010年污染行业的省级面板数据，发现存在污染的区际转移，且环境规制的强化会进一步促进污染的跨区转移。金晓雨（2018）采用三重差分模型，考察了“十一五”时期化学需氧量（COD）减排政策的污染转移效应，发现存在污染从环境规制更严格的地区向环境规制更宽松的地区转移，从污染产业转移的具体方向上看，既存在从东部向中西部的转移，又存在东部地区内部的污染转移。从企业层面看，环境规制差异可能对企业选址产生影响。周浩和郑越（2015）基于中国工业企业数据库，研究了环境规制对新建企业选址的影响。研究发现，环境规制显著抑制了新建企业的数量，且污染存在从东部向中西部转移的趋势，而中西部之间并不存在“污染避难所”效应。由于环境规制是一个多维度指标，环境治理投资或者污染物去除率只是从某个侧面测度环境规制，环境规制的测度会诱发内生性问题，从而难以识别环境规制和污染转移之间的因果关系（金晓雨，2018）。

为了克服内生性问题，一些学者开始基于政策实验或准实验的方法来测度环境规制政策的污染转移效应。一些学者对美国清洁空气法案展开研究。例如，贝克尔和亨德森（Becker and Henderson，2000）研究了美国空气法案对污染行业的影响。相比于空气达标地区，大气污染规制导致空气未达标地区新成立企业数量下降26%～45%。规模较大的企业更容易受环境规制的影响，且存在向规制相对较弱的地区转移的迹象。格林斯通（2002）的研究发现，美国空气法案生效后的前15年（1972～1987年），大气污染规制已经使得空气未达标地区损失了59万个工作岗位、370亿美元的资本存量以及750亿美元污染行业产值（按1978年美元价格计算）。另外，一些学者对我国实施的“两控区”政策展开研究（Cai et al.，2016；韩超和桑瑞聪，2018；Hering and Poncet，2014）。

第二节 模型构建、变量与数据说明

一、污染产业转移的测度

现有研究主要从行业和企业两个维度测度污染产业转移。具体到行业层面，主要包括两种测度方法：一是采用地区某行业的产值规模或者地区某行业产值规模占全国该行业产值的比重来测度污染产业转移（侯伟丽等，2013；张彩云和郭艳青，2015）；二是用行业区位熵（或行业聚集度）来测度污染产业转移，行业区位熵用地区某行业产值占该地区总产值比例相对全国该行业产值占全国行业总产值比例计算得到（金晓雨，2018）。相较于某行业产值规模或者产值规模占比，行业区位熵能够更好地反映污染产业转移。其原因是环境规制政策的有效实施必然会导致重污染行业产值规模下降或者产值占比下降，其中规制越严格的地区必然会导致重污染行业产值规模或占比更大幅度地下降，这是题中应有之义，因此，难以用污染行业产值规模下降来反映污染产业转移。就大气防治政策而言，京津冀地区的细颗粒物浓度下降目标最大，在一定程度上反映了更加严格的环境规制力度。在大气污染防治政策有效执行的背景下，应看到京津冀地区污染行业产值规模或占比更大幅度地下降，但这并非污染产业转移的结果，而是环境规制力度的作用结果。相对而言，行业区位熵能够更好地测度污染产业转移，行业区位熵下降表明某行业产值占该省份行业总产值比重相较于全国该行业产值占全国行业总产值的比重下降，说明污染产业从一个地区向另一个地区转移了。

一些学者也从企业层面测度污染转移（企业选址），即通过不同行业企业数量的变化来反映污染转移。具体包括采用现有企业数量的变化和新建企业数量的变化两类（Becker and Henderson，2000；Condliffe and Morgan，2009）。相较而言，新建企业数量的变化对环境规制更为敏感，能够更好地反映环境规制对企业选址的影响。其原因是现有企业在当地存在大量的非移动固定资产投资、产品营销网络以及社会关系网络，一旦迁移会导致专用资产的巨大损失，这种潜在的损失会在很大程度上制约企业的跨地区迁移。然而，新建企业不需要考虑这些因素，在企业选址时对当地环境规制的力度非常敏感，不同地区新建企业数量的差异能够较好地刻画不同地区环境规制的差异，进而能够更好地反映环境规制差异导致的污染产业转移（周浩和郑越，2015）。

对比行业和企业两种测度污染产业转移的方法，企业角度因为其从更微观的层面测量污染转移，得出的结论更为丰富和有针对性。然而，我国采用企业尺度研究污染转移问题的数据主要依赖于中国工业企业数据库，目前完整的数据只更新到2013年，而《大气十条》是2013年9月发布的，用工企数据难以测度该政策的污染产业转移效应。相较而言，行业层面的数据容易获取，且某行业聚集度的变化与该行业分类下企业数量的变化具有高度的对应性，得出的结论理应具有一致性。因此，本书主要基于行业层面的数据来测度污染产业转移。

二、污染产业转移的实证模型

污染产业转移实证模型如式（5.1）所示。

$$Sales_{ijt} = \beta_0 + \beta_1 Group_i + \beta_2 Post_t + \beta_3 Group_i \times Post_t + \gamma X + \xi_{ijt} \tag{5.1}$$

其中，Sales为因变量，表示行业产值规模、行业产值规模占比或行业区位熵。Group表示是否为京津冀及周边地区（京津冀晋鲁豫）[①]，当某地区属于京津冀及周边地区时，取值为1，反之则为0。Post表示政策执行时间，这里选取2013年（《大气十条》印发和实施时间）及以后年份为1，2013年前为0。$Group_i \times Post_t$表示京津冀及周边地区在《大气十条》实施后的变化，这里我们重点关注系数β_3，它衡量了大气污染防治政策的效果。X为影响污染产业转移的其他控制变量，包括用工成本（职工平均工资）、市场规模（GDP_2010年不变价、人口密度）、市场发展潜力（经济增速）、经济发展水平（人均GDP_2010年不变价）、基础设施条件（每平方千米公路、内河、铁路里程数）。此外，本书还用一组地区、行业和时间虚拟变量

① 根据“2+26”城市所在的省份确定京津冀及周边地区的范围。

及其交互项，来控制影响污染产业转移不可观测的地区、行业和时间因素，ξ 为残差项。主要变量的描述性统计如表 5.1 所示。

表 5.1　　主要变量的描述性统计

变量	变量说明	样本量	均值	标准差	最小值	最大值
sales_lq	产值度量的区位熵	8 711	1.09	1.86	0	41.05
sales_r	行业产值占比	8 711	0.03	0.05	0	0.46
lnsales	产值规模（对数形式）	8 711	5.01	2.33	0	10.39
lnPGDP	人均 GDP（对数形式，2010 年不变价）	9 951	10.6	0.47	9.36	11.73
secd	第二产业增加值占地区生产总值比重	9 951	44.5	8.42	18.60	59.32
lnPInt	人口密度（对数形式）	9 951	7.84	0.44	6.24	8.67
lnwage	职工人员平均工资（对数形式）	9 951	10.9	0.34	10.09	11.89
infra	每平方千米公路、内河、铁路里程数	9 951	0.94	0.56	0.04	2.51
g	地区生产总值增速	9 951	9.64	2.79	-2.5	17.4
lnGDP	地区生产总值（对数形式，2010 年不变价）	9 951	9.51	1.01	6.11	11.35
lnnetFA	固定资产净值（对数形式）	9 950	3.90	2.09	0	8.839

三、相关数据说明

本章的数据集为分年分地区分行业数据，包含 31 个省份[①]、40 个行业、2009～2018 年的数据。数据来源为历年《中国工业统计年鉴》《中国经济普查年鉴》《中国统计年鉴》以及地方统计年鉴。

第三节　实证结果

一、污染产业转移的基本结果

模型的基本结果如表 5.2 所示。其中，第（1）列测度大气污染防治政

① 不含港澳台地区。

策是否会诱发污染产业从京津冀及周边地区向其他区域转移。第（2）列和第（3）列测度大气污染防治政策是否会导致京津冀及周边地区污染行业产值的变化。从表5.2第（2）列和第（1）列中可以看出，在实施大气污染防治行动计划后，京津冀及周边地区行业产值占比平均下降了7.8%，但是没有发现污染产业内部转移或跨区域转移的经验证据。其原因是《大气十条》是一项全国性的政策，并非区域性政策。虽然不同地区的污染物浓度减排目标存在差异，但是由于主要区域（京津冀、长三角、珠三角、汾渭平原）等先后实施了区域性的大气污染联防联控政策，从而有效防止了污染产业的跨区域转移。

表5.2　　污染产业转移的基本结果

变量	(1)	(2)	(3)
	sales_lq	sales_r	lnsales
Group × Post	-2.073	-0.078***	-1.107*
	(1.876)	(0.018)	(0.587)
控制变量	√	√	√
地区固定效应	√	√	√
行业固定效应	√	√	√
年份固定效应	√	√	√
地区×行业	√	√	√
地区×年份	√	√	√
年份×行业	√	√	√
观测值	8 710	8 710	8 710
R^2	0.961	0.982	0.993

注：括号内为稳健标准误；*** 表示 $p<0.01$，* 表示 $p<0.1$。

为了进一步考察污染产业转移的具体方向，本书进一步将我国分为东、中、西三个地区，划分依据来源于国家统计局①，分别考察京津冀及周边地区与东部、中部、西部的污染产业转移现象。模型结果如表5.3所示，

① 根据国家统计局的划分，东部地区包括北京、天津、河北、辽宁、上海、江苏、浙江、福建、山东、广东、海南11个省份。中部地区包括山西、吉林、黑龙江、安徽、江西、河南、湖北、湖南8个省份。西部地区包括内蒙古、广西、重庆、四川、贵州、云南、西藏、陕西、甘肃、青海、宁夏、新疆12个省份。

第（1）~第（3）列分别检验京津冀及周边地区同其他东部地区、其他中部地区和西部地区之间是否存在污染跨区域转移现象①。从表5.3中可以看出，所有的结果均不显著，这说明大气污染防治行动计划实施以来，京津冀及周边地区同其他地区并不存在污染产业的跨区域转移现象，与表5.2的基本结果一致。

表5.3　　污染跨区域转移的方向

变量	JJJ-East	JJJ-Mid	JJJ-West
	sales_lq	sales_lq	sales_lq
Group × Post	0.232 (14 631.982)	-0.273 (2.243)	-0.721 (0.455)
控制变量	√	√	√
地区固定效应	√	√	√
行业固定效应	√	√	√
年份固定效应	√	√	√
地区×行业	√	√	√
地区×年份	√	√	√
年份×行业	√	√	√
观测值	3 653	3 371	5 058
R^2	0.959	0.966	0.961

注：括号内为稳健标准误。

二、稳健性检验

（一）修改处理组和政策执行时间

基本结果中的处理组包括京津冀及周边地区，考虑《大气十条》中针对京津冀地区设置更高的污染物浓度减排目标，作为稳健性检验，这里的处理组仅包含京津冀三个省份。另外，《大气十条》是2013年9月10日发

① 由于京津冀及周边地区中既有东部省份又有中部省份，为了测度京津冀及周边地区同其他地区的污染转移现象，其他东部地区和中部地区不含京津冀及周边地区。

布实施的，考虑到污染产业转移可能存在滞后性，本节将政策的执行时间设置为从 2014 年开始。模型的估计结果如表 5. 4 所示。

表 5. 4　　重新修改处理组和政策执行时间后的结果

变量	(1)	(2)	(3)
	sales_lq	sales_r	lnsales
Group × Post	−1. 422	−0. 047 ***	−0. 595
	(1. 374)	(0. 011)	(0. 378)
控制变量	√	√	√
地区固定效应	√	√	√
行业固定效应	√	√	√
年份固定效应	√	√	√
地区 × 行业	√	√	√
地区 × 年份	√	√	√
年份 × 行业	√	√	√
观测值	8 710	8 710	8 710
R^2	0. 961	0. 982	0. 993

注：括号内为稳健标准误；*** 表示 $p < 0.01$。

从表 5. 4 的结果可知，重新设置处理组范围和政策执行时间后，大气污染防治政策使得行业产值占比显著性下降，但是并没有引起污染的跨区域转移。该结论与表 5. 2 中的基本结论相一致。

（二）考虑企业对政策的预期

本小节考察企业对政策出台的前瞻性预期的影响。虽然大气污染防治政策于 2013 年出台，但是考虑到一些企业存在前瞻性预期，即通过收集和研判各种信息预期到大气污染政策的发布，一些污染性企业可能提前采取减产、转移等行为。为了将企业对大气污染防治政策的前瞻性预期这一信息考虑在内，本小节将政策开始年份设置为 2012 年。从表 5. 5 中可以看出，考虑企业对大气污染防治政策出台的预期后，结果仍然与基本结果是一致的。

表 5.5　　考虑企业对政策出台的预期的影响

变量	(1)	(2)	(3)
	sales_lq	sales_r	lnsales
Group × Post	−2.073 (1.876)	−0.078*** (0.018)	−1.107* (0.587)
控制变量	√	√	√
地区固定效应	√	√	√
行业固定效应	√	√	√
年份固定效应	√	√	√
地区×行业	√	√	√
地区×年份	√	√	√
年份×行业	√	√	√
观测值	8 710	8 710	8 710
R^2	0.961	0.982	0.993

注：括号内为稳健标准误；*** 表示 $p<0.01$，* 表示 $p<0.1$。

（三）规模以上工业企业划分标准变更的影响

《中国工业统计年鉴》中规模以上的企业统计口径在 2011 年发生了一次变更。2007～2010 年，规模以上企业是指年主营业务收入在 500 万元及以上的工业企业。从 2011 年开始，规模以上企业是指年主营业务收入在 2 000万元及以上的工业企业。据此，本书选取 2011 年及以后的样本，对模型重新估计，估计结果如表 5.6 所示。可以看出，即使按照 2011 年及以后的规模以上工业企业的划分标准，大气污染防治政策仍然没有导致污染的跨区域转移。

表 5.6　　规上企业划分标准变更的影响

变量	(1)	(2)	(3)
	sales_lq	sales_r	lnsales
Group × Post	−0.540 (3 747.291)	−0.007 (128.320)	−0.215 (0.663)
控制变量	√	√	√
地区固定效应	√	√	√
行业固定效应	√	√	√

续表

变量	(1)	(2)	(3)
	sales_lq	sales_r	lnsales
年份固定效应	√	√	√
地区×行业	√	√	√
地区×年份	√	√	√
年份×行业	√	√	√
观测值	7 036	7 036	7 036
R^2	0.971	0.984	0.994

注：括号内为稳健标准误。

（四）用就业人数度量行业区位熵的影响

除了用行业产值的区位熵测度产业转移外，一些文献也采用平均就业人数来度量区位熵，即用某行业的平均就业人数占某地区行业总就业人数的比重除以全国该行业的平均就业人数占全国行业总就业人数的比重（金晓雨，2018）。估计结果如表5.7所示。可以看出，当采用就业人数度量行业区位熵后，大气污染防治政策并没有导致污染的跨区域转移，与基本结论相吻合。

表5.7　用就业人数度量行业区位熵

变量	(1)	(2)	(3)
	worker_lq	worker_r	lnworker
Group×Post	-0.091 (68 081.246)	-0.026 (1 634.950)	-0.519 (3 224.818)
控制变量	√	√	√
地区固定效应	√	√	√
行业固定效应	√	√	√
年份固定效应	√	√	√
地区×行业	√	√	√
地区×年份	√	√	√
年份×行业	√	√	√
观测值	8 710	8 710	8 710
R^2	0.906	0.961	0.992

注：括号内为稳健标准误。

第四节　异质性分析

一、行业异质性

通过前面的分析可以看出，平均而言，大气污染防治政策会导致行业产值下降7.8%。可以预期的是，重污染行业受政策的冲击更大。不过，现有研究对于重污染行业的划分存在差异。这里采用环境保护部2010年9月14日发布的《上市公司环境信息披露指南》的划分标准，将火电、钢铁、水泥、电解铝、煤炭、冶金、化工、石化、建材、造纸、酿造、制药、发酵、纺织、制革和采矿业16类行业认定为重污染行业。为了将这16类行业与本书的40个行业划分相对应，本书对照《国民经济行业分类2017》，按照产品所属行业的原则，最终确定了21个重污染行业和19个轻度污染企业。估计结果如表5.8所示。从结果可以看出，大气污染防治政策主要抑制了重污染行业的产值，对轻污染行业的影响不显著。平均而言，大气污染防治政策导致京津冀及周边地区的重污染行业产值下降了11.7%，比全部行业受影响程度高出约4个百分点。

表5.8　　　行业异质性的影响

变量	重污染行业			轻污染行业		
	sales_lq	sales_r	lnsales	sales_lq	sales_r	lnsales
Group × Post	-3.241 (2.920)	-0.117*** (0.028)	-2.481*** (0.816)	-0.212 (0.800)	-0.026 (0.016)	0.778 (0.790)
控制变量	√	√	√	√	√	√
地区固定效应	√	√	√	√	√	√
行业固定效应	√	√	√	√	√	√
年份固定效应	√	√	√	√	√	√
地区×行业	√	√	√	√	√	√
地区×年份	√	√	√	√	√	√
年份×行业	√	√	√	√	√	√
观测值	4 836	4 836	4 836	3 874	3 874	3 874
R^2	0.961	0.981	0.994	0.968	0.984	0.993

注：括号内为稳健标准误；*** 表示 $p<0.01$。

由于不同研究对于重污染行业的划分存在差异，这里以国务院 2006 年的分类以及徐敏燕和左和平（徐敏燕和左和平，2013）的分类开展重污染行业划分的稳健性检验。国务院在 2006 发布《关于开展第一次全国污染源普查的通知》，将造纸及纸制品业，农副食品加工业，化学原料及化学制品制造业，纺织业，黑色金属冶炼及压延加工业，食品制造业，电力/热力的生产和供应业，皮革毛皮羽毛（绒）及其制品业，石油加工/炼焦及核燃料加工业，非金属矿物制品业、有色金属冶炼及压延加工业 11 个行业作为重污染行业。徐敏燕和左和平（2013）将造纸及纸制品业、非金属矿物制品业、黑色金属冶炼及压延加工业、有色金属冶炼及压延加工业、化学原料及化学制品制造业、石油加工/炼焦及核燃料加工业、纺织业 7 个行业作为重污染行业。从表 5.9 的结果中可以看出，无论是采用国务院 2006 年关于重污染行业的分类还是采用徐敏燕和左和平（2013）关于重污染行业的分类，都可以发现大气污染防治政策对于重污染行业产出抑制的经验证据。

表 5.9　重污染行业分类差异的影响

变量	国务院（2006）			徐敏燕和左和平（2013）		
	sales_lq	sales_r	lnsales	sales_lq	sales_r	lnsales
Group × Post	-0.449 (1.183)	-0.055*** (0.016)	-2.362*** (0.752)	0.403 (1.607)	-0.050** (0.020)	-2.235** (0.969)
控制变量	√	√	√	√	√	√
地区固定效应	√	√	√	√	√	√
行业固定效应	√	√	√	√	√	√
年份固定效应	√	√	√	√	√	√
地区×行业	√	√	√	√	√	√
地区×年份	√	√	√	√	√	√
年份×行业	√	√	√	√	√	√
Observations	2 635	2 635	2 635	1 736	1 736	1 736
R^2	0.968	0.989	0.995	0.973	0.991	0.995

注：括号内为稳健标准误；*** 表示 $p<0.01$，** 表示 $p<0.05$。

二、固定资产规模异质性

固定资产规模会影响企业的跨区域迁移。一般而言，固定资产规模大的企业，跨区域迁移的难度越大。因为大量的固定资产是以土地、厂房等不可移动建筑构成的，加之巨大的本地营销网络投资和社会关系网络构建，一旦跨区域迁移，会产生巨大的资产损失（周浩和郑越，2015）。这里，本书采用固定资产净值来衡量行业现有的固定资产规模，并将固定资产净值五等分，以考察大气污染防治政策对不同固定资产规模行业影响的异质性。从表5.10中的结果可以看出，中等固定资产规模的行业更容易出现污染产业的跨区域转移现象，而固定资产规模很小或很大的行业跨区域转移则不显著。关于固定资产规模很大的企业难以进行转移的原因前面已有提及，在此不作赘述。对于固定资产较小的行业而言，其行业往往属于轻度污染行业，面临的大气污染防治政策约束相对较弱，因而缺乏跨区域转移的动力。

表5.10　　固定资产规模对污染产业转移的影响

变量	小	中小	中	中大	大
	sales_lq	sales_lq	sales_lq	sales_lq	sales_lq
Group × Post	0.029	−15.524**	−5.195***	4.243***	−2.135
	(0.320)	(6.348)	(1.743)	(1.252)	(1.382)
控制变量	√	√	√	√	√
地区固定效应	√	√	√	√	√
行业固定效应	√	√	√	√	√
年份固定效应	√	√	√	√	√
地区×行业	√	√	√	√	√
地区×年份	√	√	√	√	√
年份×行业	√	√	√	√	√
观测值	1 719	1 752	1 753	1 732	1 751
R^2	0.964	0.983	0.990	0.990	0.983

注：括号内为稳健标准误；*** 表示 $p<0.01$，** 表示 $p<0.05$。

三、所有制差异

污染转移可能受到企业所有制的影响（沈坤荣和周力，2020）。吴等（2017）考察"十一五"时期水污染治理政策对污染企业选址的影响，发现新污染企业的选址会从监管严格的沿海省份向监管不太严格的西部地区转移，并且发现外资企业和国内企业在污染转移模式上存在差异，国内污染企业更具抵御能力。本节考察污染产业转移是否受到所有制转移的影响。由于各行业在实收资本构成中包含各种类型的资本，本书按照不同类型资本占实收资本比例的大小确定该行业的所有制属性。例如，某行业各类所有制资本构成中，国有资本占实收资本的比例最大，则定义该行业为国有资本行业。按照此方法确定了国有资本、集体资本、法人资本、个人资本、港澳台资本和外商资本为主的六类行业。从表 5.11 中的结果可以看出，除了以个人资本为主的行业外（个人企业为主的行业多是一些污染非常小的行业，如仪器仪表制造业、印刷和记录媒介复制业、家具制造业、木材加工业等，受环境规制的约束较小），以其他资本为主的行业均没有发现污染跨区域转移的经验证据。

表 5.11　　所有制差异对污染产业转移的影响

变量	国有	集体	法人	个人	港澳台	外商
	sales_lq	sales_lq	sales_lq	sales_lq	sales_lq	sales_lq
Group × Post	4.968 (4.671)	-31.741 (0.000)	-0.803 (0.658)	2.354*** (0.712)	3.630 (.)	-1.359 (1.447)
控制变量	√	√	√	√	√	√
地区固定效应	√	√	√	√	√	√
行业固定效应	√	√	√	√	√	√
年份固定效应	√	√	√	√	√	√
地区 × 行业	√	√	√	√	√	√
地区 × 年份	√	√	√	√	√	√
年份 × 行业	√	√	√	√	√	√
观测值	2 226	61	2 542	1 573	443	1 121
R^2	0.971	1.000	0.993	0.985	0.998	0.995

注：括号内为稳健标准误；*** 表示 $p<0.01$。

第五节　企业层面的证据

本节从企业层面考察京津冀及周边地区大气污染联防联控是否会诱发污染转移。根据前面关于运用企业数据测度污染转移的相关论述，本节采用各城市年新建企业数量来测度污染转移，数据来源于企查查网站。构建的双重差分模型如下：

$$lnnum_{ijt} = \beta_0 + \beta_1 Treat_{it} + \gamma X + \varphi_i + \eta_j + \nu_t + \xi_{ijt} \tag{5.2}$$

其中，$lnnum_{ijt}$表示城市 i 行业 j 在第 t 年新成立企业的数量的对数值。$Treat_{it}$表示城市 i 在第 t 年是否属于处理组，如果属于处理组，取值为 1，反之取值为 0。X 表示影响企业设立的其他城市层面控制变量，包括用工成本（职工平均工资）、市场规模（GDP_2010 年不变价、人口密度）、市场发展潜力（经济增速）、经济发展水平（人均 GDP_2010 年不变价）。类似地，本节还用一组城市、行业和时间虚拟变量来控制影响污染转移的不可观测的城市、行业和时间因素，ξ 为残差项。

处理组与周边城市的设置。处理组的设置与第四章相一致，即将京津冀大气污染防治“2 +4”核心区（北京、天津，唐山、廊坊、保定、沧州）的政策执行时间设置为 2015 年，将京津冀大气污染传输通道“2 +26”城市中除了“2 +4”核心城市外的其余 22 个城市的政策执行时间设置为 2017 年。同时，根据沈坤荣（2017）的研究，污染转移主要表现为就近转移特征，即因环境规制导致的污染产业转移基本上就近转移到周边城市。周边城市的设置与第四章保持一致，即按照与“2 +26”城市地理位置相邻的原则，选取张家口、承德、秦皇岛、晋中、吕梁、临汾、忻州、泰安、潍坊、枣庄、临沂、东营、洛阳、平顶山、许昌、周口、商丘 17 个城市作为周边城市。

模型的估计方法选择。由于新建企业的数量为非负整数，对应因变量为计数数据的，可以采用泊松回归模型来估计。但是泊松回归的前提条件是因变量的期望和方差相等，如果因变量的方差明显大于期望，则存在“过度分散”现象，此时可以采用更一般的负二项回归来估计模型参数（周浩和郑越，2015）。为了方便模型的结果比较，本书也列出了普通最小二乘法的估计结果，如表 5.12 所示。从表 5.12 中可以看出，在企业层面，大气污染防治政策并没有导致污染产业从京津冀地区向周边地区的转移，与行业层面的估计结果相一致。

表 5.12　　　　模型估计结果（企业层面）

变量	OLS	Poisson	NB
	ln（num）	ln（num）	ln（num）
Treat	0.099***	-0.001	-0.001
	(0.008)	(0.001)	(0.001)
控制变量	√	√	√
城市固定效应	√	√	√
行业固定效应	√	√	√
年份固定效应	√	√	√
观测值	142 997	142 997	142 997

注：括号内为稳健标准误；*** 表示 $p<0.01$。

类似地，我们考察大气污染防治政策下重污染行业的污染转移行为是否存在异质性。重污染行业的确定过程参考本书前面的章节。模型的估计结果如表 5.13 所示。从表 5.13 中可以看出，即使单独考察重污染行业，也没有找到大气污染防治政策导致京津冀地区污染产业向周边地区转移的经验证据。

表 5.13　　　　针对重污染行业的估计结果（企业层面）

变量	OLS	Poisson	NB
	ln（num）	ln（num）	ln（num）
Treat	-0.119	-0.002	-0.002
	(0.085)	(0.029)	(0.029)
控制变量	√	√	√
城市固定效应	√	√	√
行业固定效应	√	√	√
年份固定效应	√	√	√
观测值	11 346	11 346	11 346

注：括号内为稳健标准误。

第六节　本章小结

本章从行业和企业两个维度考察了大气污染防治行动计划是否会诱发污染产业从京津冀及周边地区向其他区域转移。研究结果发现，大气污染防治政策使得京津冀及周边地区产值占比下降（约7.8个百分点），但是没有发现污染产业内部转移和跨区域转移的经验证据。一系列稳健性检验均证明基本结果的稳健性。接下来，本书从行业属性（是否属于重污染行业）、固定资产规模差异、所有制差异三个方面开展异质性分析。结果发现，大气污染防治政策主要是针对重污染行业，重污染行业占比的下降幅度比行业平均水平的下降幅度更大，对轻度污染行业的影响则不显著。类似地，并没有发现重污染行业或者轻污染行业的跨区域转移证据。此外，固定资产的规模会影响污染产业转移。中等规模固定资产净值的企业更有可能跨区域转移，而固定资产净值规模小或者非常大的企业则未发现跨区域转移的证据。

第六章　大气污染联防联控的效益分析

第一节　引言

成本效益分析是开展环境政策经济性评价的重要工具。自 20 世纪 90 年代以来，美国、欧盟、日本等国家和地区先后对环境政策开展了系统的成本效益分析。其中，美国环保署定期开展《清洁空气法案》的成本效益评估工作，目前为止，正式发布的成本效益评估有三版，最新的一版是 2011 年 4 月发布的对 1990 年《清洁空气法修正案（1990—2020）》的成本效益评估（EPA，2011）。评估结果显示，改善空气质量带来的效益非常大，到 2020 年，因空气质量改善带来的收益将达到 2 万亿美元，其中 85% 是由空气质量改善避免早逝带来的，同期的成本约为 650 亿美元，效益是成本的 31 倍。考虑到采用不同的估计方法和参数可能会对成本效益估计结果造成不确定性，即使按照保守情景估计（低收益情景），效益也比成本高出约 3 倍。

面对严重的大气污染状况，2013 年，国务院发布《大气污染防治行动计划》，因其包括污染综合治理、优化产业结构、调整能源结构等十项治理大气污染的重要举措，又被称为《大气十条》。《大气十条》实施以来，国内外学者对大气污染防治措施的成本和效益开展了一系列富有成效的研究。现有对大气污染防治政策成本效益方面的研究的特点包括以下三个方面。

（1）集中对某一项具体的大气污染防治政策开展成本效益分析。例如，杜晓林等（2018）对京津冀地区“煤改气”“煤改电”的环境效益和经济效益开展研究。刘泓汛等（2019）对陕西电厂超低排放改造和居民散煤替代的成本效益开展研究。卢亚灵等（2018）测算了京津冀地区黄标车治理的减排效益。仅有马国霞等（2019）和张等（2019）对大气污染防治的各项政策进行了较为全面的测度。其中，马国霞等（2019）对成渝地区实施《大气十条》的成本效益开展评估，发现成渝地区实施大气污染防治行动计划带来的健康收益比治理成本高出78%。张等（2019）对全国30个省份实施大气污染防治行动计划进行成本效益分析，发现效费比约为1.5。不过两篇研究均是在省一级层面开展大气污染防治政策的成本效益研究，目前国内外学者对城市级层面的大气污染防治政策的成本效益研究明显不足。

（2）对大气治理政策的效益研究较多，对大气治理政策的成本研究较少。例如，黄等（Huang et al.，2018）首次在全国层面分析了2013~2017年大气污染防治行动计划为中国74个主要城市带来的健康效应，发现2013~2017年，主要大气污染物（$PM_{2.5}$、PM_{10}、SO_2、CO）浓度均出现了不同程度的下降。由于空气质量的显著改善，2017年，中国74个主要城市死亡人数与2013年相比减少了47 240人（95%置信区间：25 870~69 990）。本书的局限性在于将空气质量在2013~2017年的改善全部归功于大气污染防治政策，没有控制住气象变化、经济发展等因素，并且仅对大气污染防治避免的死亡率开展研究，没有对其大气污染防治带来的其他健康效益开展研究。闫祯等（2019）测度了京津冀地区“煤改气”的减排潜力和健康效益，发现与不开展散煤治理的基准情景相比，“煤改气”政策带来的健康效益十分可观，约占该地区2015年生产总值的0.38%~0.51%。但是，作者对京津冀实施“煤改气”政策的成本并没有开展研究。

（3）成本效益测算口径存在较大差异。例如，闫祯等（2019）和张翔等（2019）在测算京津冀地区“煤改气”的效益时，仅测算了健康效益，即因空气质量改善而避免的早逝人数、患病人数等所带来的货币价值。刘泓汛等（2019）除了测算散煤替代带来的健康效益外，还测算了低碳效益，即因煤炭替代所减少的温室气体减排量。

总体而言，目前对大气污染防治政策的成本效益分析尚处于起步阶段，还没有建立起统一的分析框架，有待进一步深入研究。系统科学地构建大气防治政策成本效益的分析框架能够为决策部门开展大气污染防治政策费效评估提供决策支持（Zhang et al.，2019）。

成本效益分析的关键是确定核算的边界。大气污染防治政策的效益是指因空气质量改善所带来的健康收益（或避免的损失）和其他收益。大气污染防治政策的健康收益包括以下三个方面。

（1）避免早逝所带来的收益。空气质量改善可以有效降低早逝率，将避免的死亡人数货币化，可以得到空气质量改善所避免的死亡效益。本章将采用暴露—反应函数和基于支付意愿的统计寿命价值方法，计算因空气质量改善避免早逝所带来的收益。

（2）降低发病率所带来的收益。大气污染会显著提高心血管疾病和呼吸道疾病的发病率，从而产生巨大的医疗成本。大气污染防治政策可以改善空气质量，从而显著降低了发病率，从而带来医疗成本的节约。本章将采用暴露—反应函数和基于支付意愿的统计疾病价值法，计算因空气质量改善而带来的住院或患病经济成本的节约。

（3）降低心理疾病所带来的收益。持续暴露于高浓度的 $PM_{2.5}$ 环境下会诱发焦虑和抑郁，提高心理疾病的发生率。改善空气质量可以降低精神疾病的发生概率，获得巨大的健康收益。

空气质量改善所带来的其他收益包括以下三个方面。

（1）企业生产率的提高。空气质量改善能够提高人体健康水平，进而提高劳动生产效率，改善劳动供给，进而促进企业生产效率的提高。

（2）减少农业减产损失和建筑物材料损失。恶劣的空气质量会导致农作物减产，酸雨会损害室外建筑，空气质量的改善能够减少相关损失。

（3）空气质量改善有助于进一步保护生态系统，不过其经济价值难以量化。

根据数据的可获得性，本章测算的京津冀及周边地区大气污染防治政策的效益包括生理健康效益（避免早逝和患病的效益）、心理健康效益和企业生产效益三个部分。

第二节　京津冀大气污染联防联控的生理健康效益

一、暴露—反应函数

国内外学者常基于流行病学的暴露—反应函数（exposure-response function）来测度大气污染对健康的影响。例如，科恩等（Cohen et al.，2017）利用综合暴露—反应函数估计了 $PM_{2.5}$浓度过高对全球缺血性心脑血管疾病、慢性阻塞性肺疾病、肺癌和下呼吸道感染的相对死亡风险。波普等（2011）度量 $PM_{2.5}$浓度与心血管疾病、肺癌的暴露—反应关系，发现在低暴露水平下，心血管死亡预计将占疾病负担的绝大部分，而在 $PM_{2.5}$高暴露水平下，肺癌在疾病负担中的重要性变得更大。郑等（2017）评估了中国 2013～2015 年的清洁空气计划的健康效益，发现全国因 $PM_{2.5}$早逝人数从 2013 年的 122 万人下降到 2015 年的 110 万人，下降了 9.1%。

由于大气污染物之间存在较高的共线性，因此，大气污染防治政策的健康效益不能通过加总各项大气污染物浓度变化的健康效益来获取。参照国内外学者的常用做法，我们选取 $PM_{2.5}$作为评估对象，量化京津冀及周边地区大气污染防治政策的健康效应。

基于流行病学的暴露—反应函数来衡量 $PM_{2.5}$浓度变化对居民健康终端的影响。其计算公式如下：

$$\Delta I = I \times (1 - e^{-\beta \Delta PM}) \times P \tag{6.1}$$

其中，ΔI 表示 $PM_{2.5}$浓度变化对人群健康的影响效应；I 表示大气颗粒物浓度下各类健康终端的发生率（早逝率或患病率）；ΔPM 表示执行大气污染防治政策后的 $PM_{2.5}$浓度的变化；β 为暴露—反应系数；P 表示暴露人群数量，采用各城市的常住人口数，数据来源为各城市的国民经济和社会发展统计公报。

健康终端的选取。长期暴露于高浓度的大气颗粒物环境中会对人体健康产生各种不利的影响。按照类别划分可以分为早逝、住院、患病和门诊四类。由于门诊与其他三类健康影响存在重叠，为了防止重复计算，本书仅包括早逝、住院和患病三类。

暴露—反应系数β是健康效应评估的关键。基于不同国家、地区、时期开展的研究暴露—反应函数的取值存在较大差异，因此，在确定暴露—反应系数时，应尽可能选择与研究地域、研究时期相近的研究成果，本书选取曾贤刚等（2019）的暴露—反应系数，具体数据如表6.1所示。不同健康终端的基准发生率来源于各城市2019年的统计公报和相关研究。

表6.1　不同健康终端的暴露—反应系数及其发生率

健康终端		β（‰）	β标准差（‰）	基准发生率（1/10万人）					
				北京	天津	河北	山西	山东	河南
早逝	全因	0.896	0.532	各城市死亡率					
	心血管	0.53	0.191	340.9	373	403.1	317.1	328.1	295.1
	呼吸系统	1.43	0.296	65.1	51.8	52.6	74.4	76.4	38.9
	肺癌	3.34	1.826	53.2	52.5	41	39.4	50	37.8
住院	心血管疾病	0.68	0.128	628	530	700	619.3	619.3	619.3
	呼吸系统疾病	1.09	0.564	1 180	997	1 320	1 165.7	1 165.7	1 165.7
患病	慢性支气管炎	2.7	0.99	694					
	急性支气管炎	7.9	2.628	3 800					
	哮喘	2.1	0.33	940					

数据来源说明。β与β标准差的数据来源于曾贤刚等（2019）的研究；各城市死亡率来源于各城市的国民经济与社会发展统计公报；早逝中的心血管、呼吸系统和肺癌的基准发生率数据来源于关杨等（2019）的研究；北京、天津、河北住院基准发生率来源于吕铃钥和李洪远（2016）的研究；山西、山东、河南的住院基准发生率根据北京、天津和河北的平均数计算获得；患病基准发生率的数据来源于黄德生和张世秋（2013）的研究。

二、健康效应的货币化

接下来，将大气污染防治政策带来的生理健康效应货币化。将大气颗粒物浓度下降造成的健康效应货币化的常用方法包括：人力资本法、支付意愿法、疾病成本法（COI）、伤残调整寿命年等。本书将简要介绍这些方法。

（一）人力资本法

人力资本法包括传统人力资本法和修正人力资本法。在衡量由大气污染导致的早逝的经济成本时，传统人力资本法用个人一生的预期收入来衡量对社会的价值。然而该方法暗示富人比穷人对社会更有价值，而失业者、退休人员的人力资本价值很低，甚至为零，因此，该方法存在严重的伦理道德缺陷。修正人力资本法从社会角度衡量人的生命价值，用人均GDP作为一个统计寿命年的价值。该方法不需要考虑个体价值的差异，修正的人力资本损失等于损失的生命年中的人均GDP之和（赵晓丽等，2014）。具体而言，大气污染导致的早逝损失了预期寿命，由此导致的人力资本损失等于预期寿命内对人均GDP的贴现值，其计算公式如下（韩明霞等，2006）：

$$VSL = PGDP_0 \sum_{i=1}^{t} \frac{(1+g)^i}{(1+r)^i} \tag{6.2}$$

其中，VSL表示修正的人力资本损失；t表示人均预期寿命损失年，即用预期寿命减去死亡时的年龄；$PGDP_0$表示基准年的人均GDP；g表示人均GDP的年均增速；r表示社会贴现率。从式（6.2）中可以看出，要测算修正的人力资本损失，需要依次确定基准年、因大气污染导致的预期寿命损失年、人均GDP增速以及社会贴现率。

从上述分析可以看出，传统人力资本法强调大气污染导致的个体价值损失，而修正人力资本法则从社会角度出发，考察大气污染导致的人力资本要素损失以及进而导致的社会经济损失。一些学者运用修正人力资本法测算了大气污染导致的人力资本损失。韩明霞等（2006）以2003年为基准年，测算了大气污染导致我国主要城市的人力资本损失为12万~90万元/人。赵晓丽等（2014）采用修正人力资本法测算了北京市因大气污染导致的早逝的经济损失，结果表明，大气污染导致北京市2011年的健康经济损失达6.04亿元，其中心血管疾病导致的损失为4.27亿元，呼吸道疾病导致的损失为1.78亿元。

（二）支付意愿法

支付意愿法是指改善空气质量以降低死亡或患病风险的支付意愿。由于空气属于公共产品，无法通过市场机制来反映空气质量的价格，因而只能通过估算空气质量改善的支付意愿，以间接推断清洁空气的价值。常用的估算支付意愿的方法包括两种：调查价值评估法和显示偏好法。

调查价值评估方法（contingent valuation method，CVM），又称权变评价法或条件估计方法，一般是通过调查问卷的方法，询问被访者对于大气污染对人体健康影响的认知，并设定不同的空气质量改善情形，让被访者回答愿意为空气质量改善所支付的金额。该方法比较灵活，能够全面地反映被访者在一系列空气质量改善的假设情境下的支付意愿（邓曲恒和邢春冰，2018）；且能够全面地反映个人偏好，测度早逝或疾病给个人带来的治疗成本、生产力损失以及痛苦和不适的价值（Mcgartland et al.，2017）。但是该方法也存在一定的局限性。首先，调查结果可能受问题的设置影响。被访者关于因大气污染导致健康受损愿意获取的补偿和为了避免健康损失而愿意支付的金额问题的回答，结果往往存在较大差异（曹彩虹和韩立岩，2015）。其次，由于被调查者支付意愿是根据假设情形作出的，当人们面临与假设情景相一致的真实场景时，其作出的支付意愿表示可能会发生变化（Train，2009）。最后，基于支付意愿获取的数据主观意愿较大，在不同时期、不同地点、不同群体间开展的支付意愿调查的异质性较大，难以获取较为客观的价值评估（曾贤刚等，2015）。李莹等（2002）关于北京市居民改善空气质量的支付意愿的研究结果表明，影响被访者支付意愿最大的因素是家庭收入，其次为年龄、家庭人口数和教育水平。其中家庭收入和教育水平对支付意愿有正向影响，而年龄和家庭人口对支付意愿的影响为负。

显示偏好法是通过人的行为选择来推断支付意愿。面对大气污染，人们的行为可分为短期的回避和防御性行为以及长期的居住选址（household sorting）和移民行为（Greenstone et al.，2021）。短期的回避和防御性行为包括减少户外活动（Moretti and Neidell，2011；Chen et al.，2018）、购买口罩和空气净化器（Ito and Zhang，2020；Zhang and Mu，2018；Sun et al.，2017）、增加医保支出（Barwick et al.，2018）等。长期的居住选址和移民行为包括避开在污染严重区域购房，购买环境质量更好的房屋（Davis，2011；Currie et al.，2015；Freeman et al.，2019）、跨城迁徙（Chen et al.，2017）以及移民（Qin and Zhu，2018）。显示偏好法通过人的实际行为来估算清洁空气的支付意愿，具有较强的可靠性。但是，显示偏好法通常只适合分析某一特定市场结构下的行为，其结论不具有推广性。此外，支付意愿的结果高度依赖理论模型和计量模型的设定，而这些设定可能偏离现实从而导致估算结果不可信（邓曲恒和邢春冰，2018）。

（三）疾病成本法

疾病成本法是指医疗成本以及因病导致的误工成本，该方法能够直接测度疾病的医疗成本，但无法核算疾病带来的负效用成本，如患病时的精神痛苦以及生活质量的下降，因此，由疾病成本法计算出的数据是真实经济成本的下限值（周伟铎等，2018）。

（四）伤残调整寿命年法

伤残调整寿命年是指从发病到死亡损失的全部健康寿命年，包括因早逝所致的寿命损失年和因伤残所致的健康寿命损失年，某种疾病导致的伤残调整生命年越大，说明其健康损失越大。其计算公式如下（曹彩虹和韩立岩，2015）：

$$\mathrm{DALYs} = \int_{x=a}^{x=\alpha+\delta} cxe^{-\beta x}e^{-\gamma(x-\alpha)}dx \tag{6.3}$$

其中，DALYs 表示伤残调整寿命年；α 表示发病年龄；δ 表示疾病持续时间；c、β 为常数；γ 表示贴现率；x 表示因疾病导致的经济损失。该指标能够更全面地反映疾病对人群产生的负担，但是在预期寿命、年龄加权以及贴现率上仍然存在较大争论。

本书采用支付意愿法（WTP），计算早逝的统计寿命价值（value of a statistical life，VSL）以及患病导致的统计疾病价值（value of a statistical illness，VSI）。统计寿命价值是指在当前社会经济发展水平下，公众为降低死亡风险愿意支付的金额。基于靳等（2020）按年龄、性别、教育程度和收入随机分层，以 1 107 名年龄 20 岁以上的受访者为样本，采用支付意愿法，测算出 2016 年北京的统计生命价值为 554 万元。本书以此数据为基础，参照曾贤刚等（2019）的做法，将北京 2016 的统计寿命价值转换为 2017～2019 年的历年统计寿命价值，转换公式如下：

$$VSL_t = VSL_{2016} \times \left(\frac{DPI_t}{DPI_{2016}}\right)^{\varepsilon} \tag{6.4}$$

其中，VSL 表示统计寿命价值；DPI 表示人均可支配收入，数据来源为北京市统计公报；t 表示年份，取值为 2017、2018 和 2019；ε 为收入弹性，参照经济合作与发展组织（OECD，2012）的研究，在调整统计寿命价值时，中等收入国家的收入弹性取值为 0.9。

以北京市历年统计寿命价值为基准，其他城市统计寿命价值按照其可支配收入占北京市人均可支配收入的比值计算。各城市的人均可支配收入来源于各城市的国民经济和社会发展统计公报。

各城市的住院和患病的价值测算思路与统计寿命价值的测算思路相似。首先，基于给予靳等（2020）的研究，北京 2016 年的统计疾病价值为 82 万元。考察三类常见因大气污染导致的疾病——缺血性心脏病、脑血管疾病（中风）、慢性阻塞性肺病发现，统计疾病价值并不随疾病的类型而发生变化。值得注意的是，慢性支气管炎由于患病的时间界限难以界定，其经济成本可以按统计寿命价值的一定比例设置（慢性支气管炎极大地降低了患者的生命质量）。本书参照维斯库西等（Viscusi et al.，1991）的数据，设置为慢性支气管炎的单位经济成本为统计寿命价值的 32%，其他类型的疾病类型采用靳等的研究。在确定各类疾病的统计疾病价值后，采用下面的转换公式，将其转换为 2017～2019 年的历年统计疾病价值；最后以北京的统计疾病价值为基准，乘以各城市人均可支配收入占北京人均可支配收入的比值，测算出各城市的统计疾病价值。

$$VSI_t = VSI_{2016} \times \left(\frac{DPI_t}{DPI_{2016}}\right)^{\varepsilon} \tag{6.5}$$

其中，VSI 表示基于支付意愿法测算出的各类住院和患病健康终端的单位经济成本，其他符号的解释同式（6.5）。

三、计算结果

结合表 6.1 的数据和式（6.1），可以测算出京津冀及周边地区大气污

染联防联控机制下 $PM_{2.5}$浓度下降所带来的生理健康效应，如表 6.2 所示。

表 6.2　　京津冀及周边地区大气污染防治政策的生理健康效应　　单位：万人

城市		早逝			住院		患病		
	全因	心血管	呼吸系统	肺癌	心血管	呼吸系统	慢性支气管炎	急性支气管炎	哮喘
北京	0.21	0.07	0.04	0.07	0.18	0.54	0.78	12.34	0.83
天津	0.14	0.06	0.02	0.05	0.11	0.33	0.57	8.95	0.60
石家庄	0.11	0.05	0.02	0.03	0.10	0.31	0.40	6.32	0.42
唐山	0.09	0.03	0.01	0.02	0.07	0.22	0.29	4.56	0.31
廊坊	0.12	0.04	0.01	0.02	0.09	0.26	0.34	5.36	0.36
保定	0.05	0.02	0.01	0.01	0.04	0.13	0.17	2.75	0.18
沧州	0.08	0.03	0.01	0.02	0.07	0.21	0.27	4.32	0.29
衡水	0.06	0.02	0.01	0.01	0.04	0.13	0.16	2.57	0.17
邢台	0.08	0.03	0.01	0.02	0.07	0.21	0.27	4.24	0.28
邯郸	0.11	0.04	0.01	0.03	0.09	0.27	0.35	5.46	0.37
太原	0.04	0.01	0.01	0.01	0.04	0.11	0.16	2.56	0.17
阳泉	0.01	0.00	0.00	0.00	0.01	0.04	0.05	0.81	0.05
长治	0.04	0.01	0.01	0.01	0.03	0.09	0.13	1.99	0.13
晋城	0.02	0.01	0.00	0.01	0.02	0.06	0.09	1.35	0.09
济南	0.12	0.03	0.02	0.03	0.07	0.22	0.32	5.11	0.34
淄博	0.06	0.02	0.01	0.02	0.04	0.12	0.17	2.69	0.18
济宁	0.09	0.03	0.02	0.03	0.07	0.21	0.30	4.79	0.32
德州	0.05	0.02	0.01	0.02	0.05	0.14	0.21	3.29	0.22
聊城	0.08	0.02	0.01	0.02	0.05	0.15	0.22	3.50	0.23
滨州	0.06	0.01	0.01	0.01	0.03	0.10	0.14	2.25	0.15
菏泽	0.11	0.03	0.02	0.03	0.07	0.22	0.32	5.02	0.34
郑州	0.10	0.03	0.01	0.03	0.09	0.26	0.38	5.93	0.40
开封	0.06	0.02	0.01	0.01	0.04	0.13	0.19	3.01	0.20
安阳	0.06	0.02	0.01	0.01	0.04	0.13	0.19	2.98	0.20
鹤壁	0.02	0.01	0.00	0.00	0.01	0.04	0.06	0.94	0.06
新乡	0.07	0.02	0.01	0.01	0.05	0.14	0.21	3.33	0.22
焦作	0.04	0.01	0.00	0.01	0.03	0.09	0.13	2.06	0.14
濮阳	0.04	0.01	0.00	0.01	0.03	0.09	0.13	2.07	0.14
合计	2.14	0.70	0.32	0.56	1.64	4.94	7.02	110.57	7.41

从表 6.2 中可以看出，京津冀及周边地区大气污染联防联控政策使得京津冀及周边地区城市的空气质量普遍得到改善，提高了该地区人群的健康水平。总体而言，因 $PM_{2.5}$浓度下降使得 2017 ~ 2019 年“2 + 26”通道城市归因于各类健康终端的人数减少 133.71 万人，2017 ~ 2019 年分别减少 44.66 万人、44.52 万人和 44.52 万人。分健康终端看，患病人数的减少 124.99 万，住院人数减少 6.58 万，全因早逝人数减少 2.14 万。

从各类健康终端的角度看，$PM_{2.5}$浓度下降使得心血管疾病、呼吸道疾病和肺癌的死亡人数分别减少 0.7 万、0.32 万和 0.56 万，三类疾病减少的死亡人数分别占全因死亡人数的 32.76%、14.78% 和 26.18%；心血管疾病和呼吸道疾病的住院病例数减少 1.64 万和 4.94 万；患病人数中急性呼吸道感染人数减少 110.57 万例、哮喘减少 7.41 万例、慢性支气管炎减少 4.94 万例。

受暴露人群差异的影响，各城市获得的健康效益存在显著差异。北京获得的健康效益最大，$PM_{2.5}$浓度下降时各类健康终端受影响人数减少 14.88 万人，占健康总效应的 11.13%。其次为天津（10.71 万人）、石家庄（7.67 万人）和郑州（7.15 万人）。排名后四位分别阳泉（0.98 万人）、鹤壁（1.13 万人）、晋城（1.62 万人）和长治（2.4 万人）。

根据式（6.4）和式（6.5），可以计算出各类健康终端单位经济成本，表 6.3 展示了 2017 年各城市健康终端的单位经济成本。2018 年和 2019 年的单位经济成本见附表 5 和附表 6。

表 6.3　2017 年“2 + 26”城市各健康终端单位经济价值　单位：万元/人

城市	VSL	心血管疾病	呼吸系统疾病	慢性支气管炎	急性支气管炎	哮喘
北京	598.42	387.12	257.76	290.54	296.43	205.37
天津	87.89	56.86	37.86	42.67	43.54	30.16
石家庄	87.89	56.86	37.86	42.67	43.54	30.16
唐山	191.49	123.88	82.48	92.97	94.86	65.72
廊坊	87.89	56.86	37.86	42.67	43.54	30.16
保定	87.89	56.86	37.86	42.67	43.54	30.16
沧州	206.06	1.19	0.73	65.94	0.19	0.14
衡水	178.87	1.04	0.64	57.24	0.17	0.12
邢台	181.07	1.05	0.64	57.94	0.17	0.13

续表

城市	VSL	心血管疾病	呼吸系统疾病	慢性支气管炎	急性支气管炎	哮喘
邯郸	205. 66	1. 19	0. 73	65. 81	0. 19	0. 14
太原	272. 06	1. 58	0. 97	87. 06	0. 26	0. 19
阳泉	227. 21	1. 32	0. 81	72. 71	0. 21	0. 16
长治	191. 64	1. 11	0. 68	61. 32	0. 18	0. 13
晋城	209. 92	1. 22	0. 75	67. 17	0. 20	0. 15
济南	345. 05	2. 00	1. 23	110. 42	0. 32	0. 24
淄博	304. 32	1. 76	1. 08	97. 38	0. 29	0. 21
济宁	227. 41	1. 32	0. 81	72. 77	0. 21	0. 16
德州	183. 26	1. 06	0. 65	58. 64	0. 17	0. 13
聊城	175. 10	1. 02	0. 62	56. 03	0. 16	0. 12
滨州	231. 16	1. 34	0. 82	73. 97	0. 22	0. 16
菏泽	152. 86	0. 89	0. 54	48. 92	0. 14	0. 11
郑州	291. 34	1. 69	1. 04	93. 23	0. 27	0. 20
开封	176. 67	1. 02	0. 63	56. 53	0. 17	0. 12
安阳	199. 79	1. 16	0. 71	63. 93	0. 19	0. 14
鹤壁	211. 61	1. 23	0. 75	67. 71	0. 20	0. 15
新乡	199. 10	1. 15	0. 71	63. 71	0. 19	0. 14
焦作	219. 80	1. 27	0. 78	70. 34	0. 21	0. 15
濮阳	175. 02	1. 01	0. 62	56. 01	0. 16	0. 12

结合表 6. 3、附表 5 和附表 6 的单位经济价值以及表 6. 2 的各类健康终端效应，可以计算出京津冀及周边地区大气污染防治政策下 $PM_{2.5}$浓度下降带来的健康经济价值，具体结果如表 6. 4 所示。

表 6. 4　京津冀大气污染防治政策下 $PM_{2.5}$浓度下降带来的生理健康效益　单位：亿元

城市	早逝				住院		患病		
	全因	心血管	呼吸系统	肺癌	心血管	呼吸系统	慢性支气管炎	急性支气管炎	哮喘
北京	149. 37	50. 84	30. 26	53. 76	21. 57	64. 89	181. 78	1481. 35	99. 26
天津	66. 66	27. 37	9. 01	24. 56	8. 41	25. 34	84. 16	684. 66	45. 88

续表

城市		早逝			住院		患病		
	全因	心血管	呼吸系统	肺癌	心血管	呼吸系统	慢性支气管炎	急性支气管炎	哮喘
石家庄	33.54	14.42	5.06	9.16	5.32	16.05	40.19	327.60	21.95
唐山	31.15	11.74	4.12	7.46	4.33	13.07	32.71	266.64	17.87
廊坊	39.78	14.08	4.94	8.94	5.19	15.68	39.24	319.90	21.44
保定	13.87	5.13	1.80	3.26	1.90	5.73	14.30	116.98	7.84
沧州	21.08	8.54	3.00	5.43	3.15	9.51	23.81	194.09	13.01
衡水	12.04	4.34	1.52	2.75	1.60	4.83	12.08	98.63	6.61
邢台	19.50	7.19	2.53	4.57	2.66	8.02	20.05	163.74	10.97
邯郸	29.76	10.92	3.83	6.93	4.02	12.14	30.42	247.67	16.60
太原	14.67	5.33	3.36	4.14	2.21	6.65	18.89	153.74	10.30
阳泉	4.31	1.42	0.89	1.10	0.59	1.77	5.01	40.81	2.73
长治	10.28	3.15	1.99	2.45	1.31	3.94	11.16	90.94	6.09
晋城	6.03	2.15	1.36	1.67	0.89	2.69	7.63	62.12	4.16
济南	55.95	14.22	8.91	13.53	5.68	17.12	48.68	395.67	26.51
淄博	24.42	6.46	4.04	6.14	2.59	7.79	22.10	180.02	12.06
济宁	28.16	8.56	5.36	8.15	3.43	10.33	29.32	238.81	16.00
德州	12.12	4.73	2.96	4.50	1.89	5.71	16.18	131.89	8.84
聊城	19.34	5.10	3.20	4.86	2.03	6.13	17.47	141.65	9.49
滨州	19.26	4.12	2.58	3.92	1.65	4.97	14.10	114.77	7.69
菏泽	24.80	6.54	4.10	6.22	2.62	7.90	22.39	182.58	12.23
郑州	39.19	12.90	4.51	9.78	5.44	16.40	46.53	379.06	25.40
开封	13.44	3.94	1.38	2.99	1.66	5.01	14.21	115.87	7.76
安阳	15.12	4.46	1.56	3.38	1.88	5.66	16.07	130.86	8.77
鹤壁	4.86	1.48	0.52	1.12	0.62	1.88	5.34	43.46	2.91
新乡	18.97	5.07	1.77	3.84	2.14	6.43	18.29	148.69	9.96
焦作	11.45	3.37	1.18	2.55	1.42	4.28	12.15	98.96	6.63
濮阳	10.21	2.69	0.94	2.04	1.13	3.42	9.70	79.02	5.29
合计	749.34	250.25	116.67	209.18	97.35	293.34	813.97	6630.16	444.26

从表 6.4 可以看出，2017～2019 年，京津冀大气污染防治政策下 $PM_{2.5}$ 浓度下降为京津冀及周边地区“2＋26”通道城市带来的健康效益达到 9 028.42亿元，占该地区生产总值的 2.2%。减少急性支气管炎带来的健康效益最高，达到 6 630.16 亿元，占总健康效益的 73.44%。其次为慢性支气管炎和早逝，其带来的健康效益分别为 813.97 亿元和 749.34 亿元，占总效益的比重分别为 9.02% 和 8.3%。

受经济发展水平、人口密集程度差异的影响，不同城市获取的健康效益存在较大差异。具体而言，$PM_{2.5}$ 浓度下降时，北京获得的健康效益最大，达到 1 998.22 亿元，占总效益的 22.13%。之后依次为天津（915.11 亿元）、济南（549.62 亿元）、郑州（512.03 亿元）。获得健康收益价值最小的城市分别为阳泉（55.22 亿元）、鹤壁（59.08 亿元）、晋城（83.51 亿元）和濮阳（108.77 亿元）。

第三节　京津冀大气污染联防联控的心理健康效益

持续暴露于高浓度的 $PM_{2.5}$ 环境下不仅会对人的身体健康造成不利影响，还会诱发焦虑和抑郁，增加心理疾病的发生概率。改善空气质量可以降低心理疾病的发生概率，从而获得巨大的心理健康收益。[①] 京津冀及周边地区大气污染联防联控的心理健康效益计算公式如下：

$$R_{mh} = Pop \times \Delta PM_{2.5} \times prob \times \theta \times PCost \qquad (6.6)$$

其中，R_{mh} 表示空气质量改善带来的心理健康效益；Pop 表示暴露人群，这里采用各城市历年的常住人口数；$\Delta PM_{2.5}$ 表示京津冀及周边地区大气污染联防联控带来的 $PM_{2.5}$ 浓度下降值，这里取前面的估计值 6.53 微克/立方米；prob 表示 $PM_{2.5}$ 增加 1 单位诱发的心理疾病概率；θ 表示心理疾病患者就医的概率；PCost 表示人均心理疾病的年经济成本。

① 心理疾病也会在一定程度上诱发生理疾病，进而产生生理健康成本。关于生理健康效益已经在前面的章节中测算，这里的健康效益仅包括因空气质量改善所带来的心理健康效益。

从式（6.6）中可以看出，为测算出京津冀及周边地区大气污染防治政策的心理健康效益，需要确定大气污染诱发心理疾病的概率、人均心理疾病的治疗成本以及心理疾病的就医概率。

大气污染诱发心理疾病的概率参考陈等（2018）的研究。陈等（2018）利用2014年中国家庭追踪调查数据（CFPS），发现大气污染对心理健康有显著的负面影响。具体而言，$PM_{2.5}$每增加1个标准差（18.04微克/立方米），大约导致中国患精神疾病的概率增加6.67%。由此可以计算出$PM_{2.5}$浓度下降1微克/立方米会导致中国患心理疾病的概率下降0.37%。人均精神疾病的经济成本参考徐等（Xu et al.，2016）的研究。徐等（2016）对我国2005～2013年心理障碍导致的人均年成本进行测算，得出我国人均精神疾病的经济成本为3 665.4美元，按照2013年末人民币汇率为1美元兑6.0969元人民币进行折算，2013年我国人均精神疾病成本约为2.23万元人民币。根据人均可支配收入进行调整，可依此得到2017～2019年我国人均心理疾病的经济成本。然后根据各城市与全国人均可支配收入的比值，得到各城市历年的人均心理疾病成本。心理疾病患者的概率参考菲利普斯等（Phillips et al.，2009）的研究，在中国，大约8.2%的心理疾病患者会寻求治疗。

根据式（6.6），结合精神疾病患者就医概率和人均精神疾病的治疗成本，可以测算出京津冀及周边地区大气污染防治政策带来的心理健康效益。2017～2019年，因空气质量改善避免的心理疾病患病人数达到1 377.98万人，带来的心理健康效益为518.38亿元。2017～2019年的心理健康效益分别为122.5亿元、168.82亿元和227.06亿元。分城市看，北京获得心理健康效益最大，达119亿元，占比为22.97%；其次为天津，心理健康效益为53.97亿元，占比为10.41%；获得心理健康效益最少的城市为阳泉，仅3.24亿元，占比为0.62%。

表6.5　　京津冀大气污染防治政策的心理健康效益

城市	避免心理疾病患病人数（万人）			心理健康效益（亿元）		
	2017年	2018年	2019年	2017年	2018年	2019年
北京	51.95	52.41	52.29	28.33	38.70	52.05
天津	36.62	37.59	37.65	12.92	17.59	23.46

续表

城市	避免心理疾病患病人数（万人）			心理健康效益（亿元）		
	2017 年	2018 年	2019 年	2017 年	2018 年	2019 年
石家庄	25.63	26.27	26.44	6.02	8.35	11.40
唐山	18.76	19.07	19.16	4.97	6.84	9.31
廊坊	10.87	11.45	11.58	2.94	4.20	5.75
保定	24.86	25.28	22.60	4.65	6.50	8.29
沧州	18.55	18.78	18.91	3.77	5.18	7.06
衡水	10.93	10.77	10.80	1.87	2.53	3.50
邢台	17.52	17.75	17.80	3.01	4.21	5.84
邯郸	24.86	22.96	23.00	5.16	6.29	8.57
太原	10.38	10.57	10.68	2.86	3.89	5.26
阳泉	3.36	3.40	3.41	0.78	1.05	1.41
长治	8.22	8.34	8.37	1.71	2.35	3.16
晋城	5.57	5.63	5.66	1.17	1.59	2.15
济南	17.06	17.68	18.01	6.14	8.62	11.26
淄博	11.12	11.37	11.35	3.39	4.68	6.26
济宁	19.89	20.22	20.15	4.52	6.20	8.31
德州	13.77	13.99	14.03	2.50	3.44	4.66
聊城	14.33	14.72	14.72	2.76	3.62	4.67
滨州	9.34	9.52	9.47	2.18	2.97	3.97
菏泽	20.37	21.09	21.16	3.34	4.71	6.43
郑州	22.64	23.86	24.47	6.59	9.35	12.92
开封	10.98	12.63	12.69	1.91	2.99	4.06
安阳	9.61	12.38	12.50	1.93	3.35	4.53
鹤壁	3.86	3.91	3.93	0.82	1.12	1.51
新乡	13.78	13.93	13.99	2.85	3.73	5.05
焦作	8.50	8.60	8.67	1.86	2.53	3.45
濮阳	8.69	9.58	8.71	1.51	2.25	2.76
合计	452.03	463.74	462.21	122.50	168.82	227.06

第四节 京津冀大气污染联防联控与企业生产率效益

大气污染通过影响生理健康和心理健康进而对企业生产效率产生影响。具体而言，持续暴露在高浓度的大气污染物中会增加人们患心脑血管疾病和呼吸疾病的可能性，进而影响企业工人的工作效率，同时大气污染还会增加人们的焦虑和抑郁情绪，从而降低人们的认知能力和工作表现（Chen et al.，2018；Pun et al.，2017）。格林斯通等（2021）指出，仅考虑大气污染导致的健康损失有可能会大大低估大气污染的经济成本。

国内外关于大气污染与生产效率的研究基本上都得出了大气污染会对企业生产效率产生负面影响的结论。例如，常等（Chang et al.，2016）发现，$PM_{2.5}$浓度上升会降低加利福尼亚州梨包装工人的小时生产效率；阿赫瓦尤等（Adhvaryu et al.，2019）发现，暴露于高浓度的$PM_{2.5}$环境中会降低印度服装生产工人的小时生产效率等。一些学者尝试研究大气污染对中国企业生产率的影响。何等（2019）以中国两家纺织行业公司为例，发现大气污染对当前工人的生产效率几乎没有影响，但是持续暴露于大气污染中对工人生产效率有显著的负面影响，具体而言，在25天之内持续保持$PM_{2.5}$浓度增加10微克/立方米，会使每日产量减少1%。常等（2019）基于中国两个呼叫中心员工的日常表现数据发现，空气污染指数每增加10个单位，员工每天处理的电话数量会减少0.35%。付等（Fu et al.，2022）发现，PM_{10}每增加1微克/立方米，当地企业平均年产量减少45 809元人民币（0.30%），而50千米外城市的企业年产量则减少16 248元人民币（0.11%），直到1 000千米外，这一影响才缓慢降至0。此外，一些研究还发现，大气污染会对股票交易和投资分析的业绩表现产生负面影响（Huang et al.，2020；Dong et al.，2021）。

上述研究对于我们理解大气污染与企业生产效率的关系具有非常积极的意义，不过上述研究基本上都是基于特定部门和工作岗位的个案研究，其结论的普适性并不强。付等（2021）利用1998～2007年中国制造业代表性企业

（包括所有国有企业和年销售额超过500万元人民币的非国有企业），首次全面测算了大气污染对制造业企业生产率的影响。研究发现，$PM_{2.5}$下降1%（0.5352微克/立方米）将使得每家企业年生产效率（用增加值计算）提高3.59万元人民币，并且在不同区域上并没有显著差异。我们将在此基础上计算京津冀及周边地区大气污染联防联控政策对企业生产效率的影响。

根据前面的研究，京津冀及周边地区大气污染联防联控政策使得该地区$PM_{2.5}$下降6.53微克/立方米，结合付等（2021）的研究，我们可以测算出京津冀大气污染防治政策导致每家制造业企业的年生产率增加43.8万元，再结合各城市的历年制造业企业数量①，便可以测算出$PM_{2.5}$浓度下降带来的企业生产效率改善。计算结果如图6.1所示。2017～2019年，京津冀及周边地区大气污染防治为"2+26"城市制造业企业带来的生产率效益为6 276.47亿元，年均值为2 092亿元，占"2+26"城市生产总值的1.55%。分城市看，天津获得生产率改善效益最大，达624.59亿元，占比约10%；其次为沧州和济南，分别为476.54亿元和464.32亿元，占比分别为7.59%和7.4%；获得生产率改善最小的城市是阳泉，为20亿元，占比0.32%。

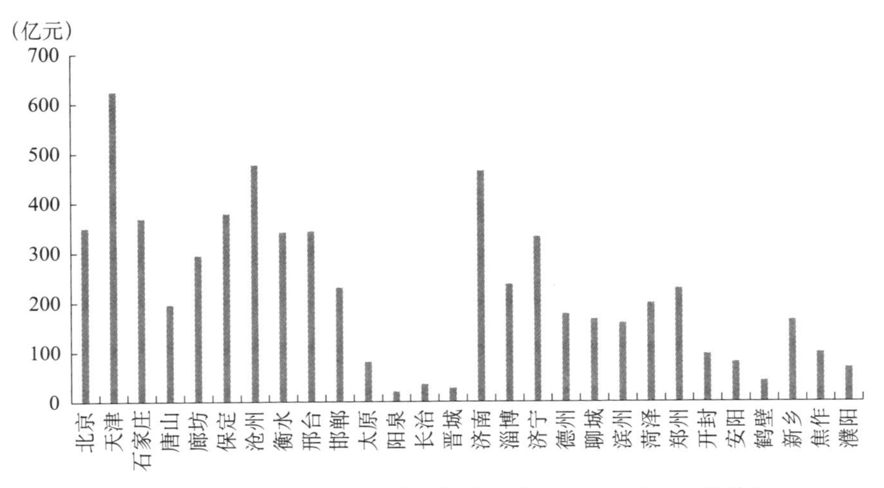

图6.1 京津冀大气污染防治政策带来的企业生产效率改善情况

① 各城市制造业企业数量来源于各省份统计年鉴中各城市制造业法人数。

第五节　京津冀大气污染联防联控的效益分析

在前面测算的基础上，可以获取京津冀及周边地区大气污染联防联控政策的总收益。2017～2019 年，京津冀及周边地区“2＋26”因空气质量改善获得的总收益为 15 823.27 亿元，占该地区生产总值比重达到 3.9%。京津冀及周边地区总收益及构成如图 6.2 所示。

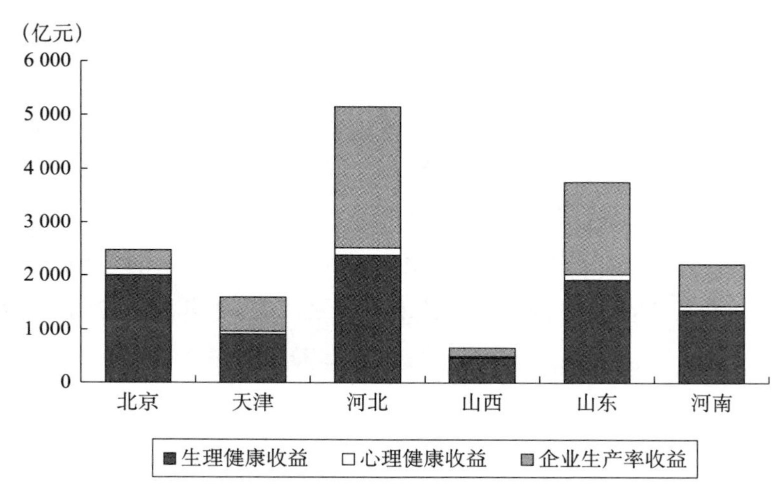

图 6.2　2017～2019 年京津冀及周边地区的总收益及其构成

资料来源：笔者自绘。

分年来看，“2＋26”城市获得的健康收益逐年增加，从 2017 年的 4 497.45亿元增长到2019 年的 6 406.89 亿元。分类型看，大气污染治理带来的生理健康收益最大，达到 9 028.42 亿元，占比为 57.06%；其次为企业生产效率收益，达 6 276.47 亿元，占比为 39.67%；最后为心理健康收益，为 518.38 亿元，占比 3.28%。分地区看，河北获得总收益最大，达到 5 144.20 亿元，占比为 32.51%；其次为山东，总收益达到 3 751.33 亿元，占比 23.71%；获得总收益最少是山西，总收益为 658.82 亿元，占比为 4.16%。

分城市看，北京共获得 2 467.49 亿元的总收益，占比为 15.59%；其次为天津和济南，获得的收益分别为 1 593.67 亿元和 1 039.97 亿元，占比分别为 10. 07% 和 6. 57%；阳泉获得的总收益最少，仅为 78. 46 亿元，占比为 0. 5%。各城市因大气污染防治获得总收益如图 6. 3 所示。

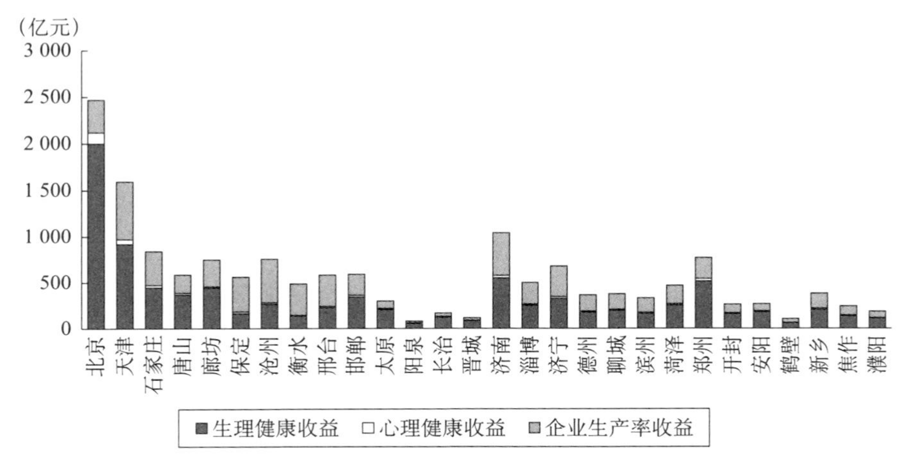

图 6. 3　2017 ~ 2019 年京津冀及周边地区"2 + 26"城市的总收益

资料来源：笔者自绘。

第六节　本章小结

本章测算了京津冀及周边地区大气污染防治政策的总效益，包括生理健康效益、心理健康效益和企业生产率效益三大类。首先，基于暴露—反应函数测算空气质量改善避免的死亡和患病人数，然后基于支付意愿的统计寿命价值和统计疾病价值方法获得各类健康终端的单位经济价值，在此基础上测算出京津冀及周边地区大气污染防治政策带来的生理健康效益。接下来，本章在前面研究的基础上，采用京津冀及周边"2 + 26"城市的数据，分别测算了京津冀及周边地区大气污染防治政策带来的心理健康效益和企业生产效率效益。整体而言，2017 ~ 2019 年，京津冀及周边地区大气污染防治政策的总效益达到 1. 58 万亿，占"2 + 26"城市生产总值的比重约 4%。总效益中，健康效益（生理健康效益和心理健康效益）占比 60%，空气质量改善带来的企业生产效率效益占比 40%。

第七章　大气污染联防联控的成本测算

第一节　引言

从前面的分析中可以看出，京津冀大气污染联防联控可以带来巨大的健康收益，但同时也应该看到大气污染治理需要花费巨大的成本。本节按照大气污染防治的主要措施，以“2+26”城市为对象，分项测算京津冀及周边地区大气污染联防联控的成本。

大气污染治理措施很多，涵盖能源结构调整、产业结构调整、工业深度治理、移动源治理、面源治理等多个方面。本章按照措施可量化以及数据可获得的原则，从清洁取暖、锅炉综合治理、机动车治理、淘汰过剩产能、“散乱污”企业治理等方面分项测算大气污染治理成本。其中，清洁取暖和锅炉综合治理属于能源结构调整范畴；老旧车淘汰和发展新能源等机动车治理方式属于运输结构调整范畴；压减过剩产能和“散乱污”企业治理属于产业结构调整范畴。

第二节　清洁取暖成本测算

一、京津冀及周边地区清洁取暖情况

《北方地区冬季清洁取暖规划（2017—2021）》（以下简称《清洁取暖规

划》）的数据显示：截至2016年底，我国北方地区城乡建筑取暖面积约为206亿立方米，散煤取暖比重为83%。北方地区冬季取暖用煤年消耗量约4亿吨标煤，其中近一半为散烧煤，主要分布在农村地区。散煤取暖是导致北方地区大气污染的重要原因，1吨散烧煤的大气污染物排放量是燃煤电厂的10倍。因此，《清洁取暖规划》提出以京津冀大气污染传输通道城市（"2+26"城市）为重点，全面推进北方地区清洁取暖工作。

不同研究和地方政策实践对清洁取暖的界定存在差异。一些地方政府将清洁取暖等同于"煤改气""煤改电"。《清洁取暖规划》中将清洁取暖定义为利用天然气、电、可再生能源（地热能、生物质能、太阳能、核能等）、工业余热、清洁化燃煤（超低排放），通过高效用能系统实现低排放、低能耗的取暖方式。从历年的《京津冀及周边地区秋冬季大气污染治理攻坚行动方案》（以下简称《攻坚行动》），清洁取暖包括清洁能源替代散煤和洁净煤替代散煤两类。其中清洁能源替代包括气代煤、电代煤、集中供热替代、地热能替代、其他可再生能源替代。对暂不具备清洁能源替代条件的地区可以采用洁净煤替代散煤。本书采用《攻坚行动》中的定义，将清洁取暖划分为清洁能源替代和洁净煤替代两大类。

各省份的清洁取暖改造情况如图7.1所示。2017～2019年，"2+26"城市共完成清洁取暖改造1 594.2万户，占京津冀及周边地区清洁取暖改造户数的85%左右。其中，河北是清洁取暖改造的主力军，8个大气污染传输通道城市共完成清洁取暖改造625.9万户，占比为39.3%；其次为河南和山东，占比分别为25.3%和16.7%。从清洁取暖改造的类型来看，气代煤、电代煤是主要的改造方式，两者占比超过90%。其中，河北、山东、山西以气代煤为主，河南、天津、北京以电代煤为主。从清洁取暖率的完成情况来看，截至2019年3月，北方地区清洁采暖率为50.7%，替代散煤约1亿吨。其中，"2+26"城市的城区清洁取暖率达到96%，县城和城乡接合部的清洁取暖率为75%，农村地区清洁取暖率为43%，均超额完成《清洁取暖规划》的中期计划。接下来，简要回顾清洁取暖改造的历程。

由于京津冀及周边地区是我国大气污染最严重的区域，因此，清洁取暖工作首先从该地区开展。2017年3月，环境保护部会同相关部委和地方人民政府联合下发《京津冀及周边地区2017年大气污染防治工作方案》，

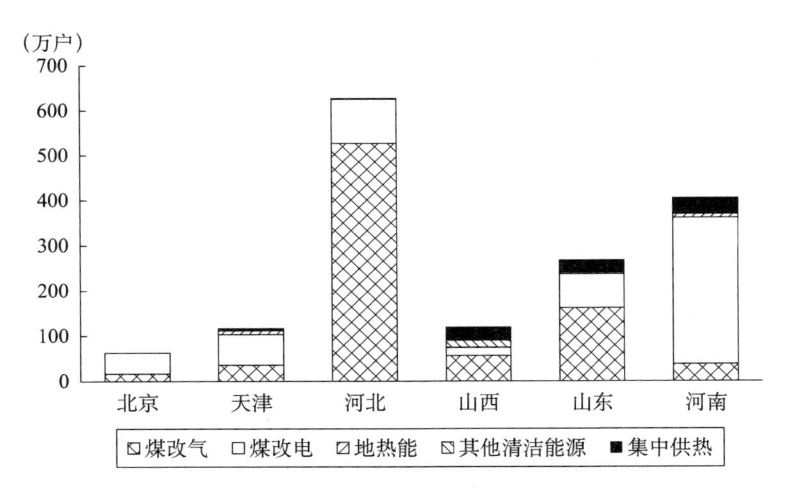

图 7.1 2017～2019 年京津冀及周边地区清洁取暖改造情况

资料来源：根据各地历年《生态环境状况公报》《政府工作报告》整理获得。

将“2+26”城市列为北方地区冬季清洁取暖规划首批实施范围。要求北京、天津、廊坊、保定在 2017 年 10 月底前完成“禁煤区”建设任务，同时要求其他京津冀传输通道城市完成 5 万～10 万户的气代煤或电代煤工程。随后，根据各地上报的数据，环境保护部会同相关部门联合印发《京津冀及周边地区 2017—2018 年秋冬季大气污染治理攻坚行动方案》，进一步明确了“2+26”城市清洁取暖改造的任务。根据该行动方案的统计，2017 年，“2+26”城市需要在 2017 年 10 月底完成气代煤、电代煤“双替代”386.05 万户，以气代煤为主，改造户数达 383.6 万户。此外，个别城市还提交了集中供热和洁净煤替代散煤的改造任务。从改造力度上看，由于廊坊和保定需要完成“禁煤区”的建设任务，清洁改造的力度最大，分别提交了 70 万户和 57.4 万户的气代煤计划。此外石家庄、北京和天津也分别提交了 30 万户以上的气代煤计划，其他传输通道城市则按照《京津冀及周边地区 2017 年大气污染防治工作方案》的要求，提交了 5 万～10 万户的清洁取暖改造计划，如图 7.2 所示。

从实际完成情况来看，2017 年，“2+26”城市共完成气代煤、电代煤 550.2 万户，超额完成 42.5%。其中，完成气代煤 369.7 万户，约占“双替代”的七成。尽管如此，与最初制定的目标相比，电代煤的比重从计划中

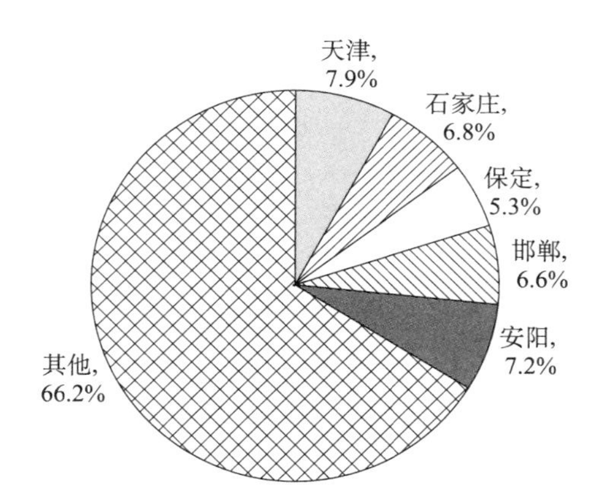

图 7.2　2017 年京津冀及周边地区清洁改造计划

资料来源：《京津冀及周边地区 2017—2018 年秋冬季大气污染治理攻坚方案》。

不足“双替代”总数的 1% 上升到三成以上，气代煤的比重则从九成以上降至七成左右，这与没有稳定的气源供给有关。2017 年，“煤改气”的快速推进在一定程度上导致了“气荒”的出现，主要原因由天然气用气量增加与天然气供给减少的双重因素共同导致。一方面，“煤改气”的快速推进导致日均用气量大增。据测算，2017 年底，“2 + 26”城市新增天然气需求量 50 亿立方米，以 120 天为一个采暖季算，日均天气增量达到 4 200 万立方米，占 12 月当月新增用气量的 30%。另一方面，天然气供给减少。天津液化天然气接收站无法顺利投产，同时中亚气较合同计划量减少，两方面原因叠加导致日均天然气供气量减少了 6 000 ~ 8 000 立方米。从地区层面看，河北是清洁改造的主力，“煤改气”改造 230.7 万户，占“2 + 26”城市“煤改气”的 62.4%。其次为山东、河南，占比分别为 12.8% 和 9.2%。北京“煤改气”12.6 万户，占比为 3.4%。各城市 2017 年清洁取暖改造计划及完成情况如图 7.3 所示。

由于部分城市气代煤、电代煤工程存在未按计划完工的情况，到 2017 年取暖季未能如期供暖。针对该情况，2017 年 12 月 4 日，环境保护部印发《关于请做好散煤综合治理确保群众温暖过冬工作的函》的特急文件。文件提出坚持以保障群众温暖过冬为第一原则，要求进入供暖季，凡是气代煤、电代煤尚未完工的地区，继续沿用过去的散煤取暖方式或其他替代方式。已经完工的项目和地方，必须确保气源、电源供应及价格稳定。

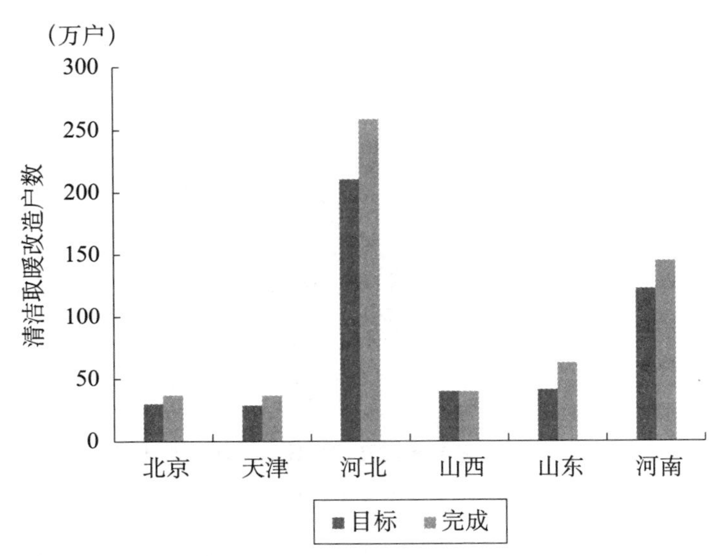

图 7.3　2017 年京津冀及周边地区清洁取暖改造户数计划与实际完成情况

资料来源：根据各地历年《生态环境状况公报》《政府工作报告》整理获得。

2018 年，京津冀及周边地区在推进清洁取暖方面趋于理性。《京津冀及周边地区 2018—2019 年秋冬季大气污染综合治理攻坚行动方案》提出，从实际出发，统筹监管温暖过冬和清洁取暖；合理确定改造技术路线，坚持宜电则电、宜气则气、宜煤则煤、宜热则热的“四宜”原则；坚持以气定改、以电定改，根据新增气量和实际供电能力合理确定“煤改气”“煤改电”户数；坚持先立后破，对以气代煤、以电代煤等替代方式，在气源电源未落实情况下，原有取暖设施不予拆除。根据各地汇报的数据，2018 年，“2 +26”城市需要完成清洁能源改造 552.1 万户（含洁净煤替代散煤 182.8 万户），其中“煤改气”“煤改电”双替代 325.8 万户，占比为 59%。其他清洁改造路线包括集中供热、地热能等清洁能源替代，同时对于不具备“煤改气”或“煤改电”条件的地区，可以采用洁净煤替代。各类清洁取暖改造技术路线的占比如图 7.4 所示。相比于 2017 年制定的清洁取暖改造目标，2018 年的清洁取暖改造工作具备如下特征：电代煤的比例大幅上升，气代煤的比例下降；清洁取暖改造技术路线更加多元化，提出了地热能、太阳能、生物质能等清洁能源替代散煤的改造方案；同时，更多的城市也将洁净煤替代散煤作为清洁取暖的一种过渡方式。

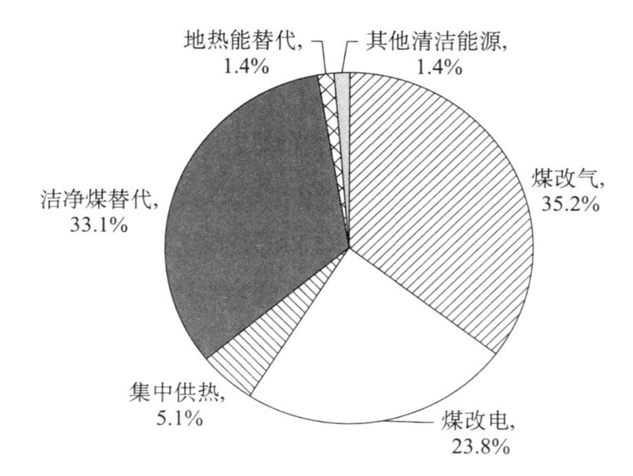

图 7.4　2018 年京津冀及周边地区清洁取暖方式占比

资料来源：根据各地历年《生态环境状况公报》《政府工作报告》整理获得。

从实际完成情况来看，2018 年，“2 + 26”城市完成各类清洁能源替代散煤 469.4 万户，其中气代煤、电代煤 413.3 万户，超额完成 27%。分地区看，河北传输通道城市是“煤改气”的主力，约完成气代煤 145 万户，占比约 65%。河南以“煤改电”为主，占比为 56%。

2019 年，“2 + 26”城市计划清洁能源替代散煤 487.1 万户，其中以气代煤、以电代煤的“双替代”户数为 445.1 万户，占比为 91.3%。此外，洁净煤替代散煤 222.45 万户。从实际完成情况来看，“2 + 26”城市实际完成清洁能源替代散煤 497.1 万户，完成气代煤、电代煤 470 万户均超额完成计划。从地区上看，河北是清洁能源替代散煤的主力军，完全清洁取暖改造 190 万户，占比为 34.7%。其次为山东和河南，占比分别为 23.9% 和 23.5%。

二、清洁取暖户均成本测算

清洁取暖成本不仅应包括设备购置安装成本和燃料运行成本，还应包括基础设施建设成本；不仅应包括政府对设备安装和采暖费用的补贴，还应包括家庭在设备购置和取暖费用上的支出。《中国散煤综合治理调研报告(2018)》对不同清洁取暖改造的成本进行了综合分析。从经济性角度看，城镇地区适合采用集中供暖，而农村地区适合采用分散供暖。集中供暖方面，燃煤锅炉的成本最低，其次是蓄热式电锅炉，燃气锅炉的成本最高。分散式供暖的各种技术路线中，按照成本从低到高分别是洁净煤替代、可再生能源供暖、“煤改气”“煤改电”。不同改造技术的成本存在较大差异，如表7.1所示。值得注意的是，表7.1中的总供热成本仅包括设备的购置安装成本和运行成本，不包括基础设施建设成本。接下来对主要清洁替代技术进行说明。

表7.1　不同清洁取暖方式的年均成本　单位：立方米

清洁取暖方式	技术路径	总供热成本	初始投入成本	运行成本
集中供热	燃煤锅炉集中供暖	23	7	16
	蓄热式电锅炉	39	7	32
	分散式燃气锅炉	45	4	41
	燃气锅炉	47	4	43
	直热式电锅炉	54	4	50
“煤改气”	燃气壁挂炉	38	4	34
“煤改电”	碳晶	46	5	41
	发热电缆	44	4	40
	电热膜	45	5	40
	电暖器	46	5	41
	家庭用空调	38	3	35
	空气源热泵	43	17	26
可再生能源供热	太阳能热水器	34	4	30
	太阳能热水器+热泵	40	25	15
	地源热泵	25	17	8
	家用沼气	36	12	24
	生物质气化	33	9	24
	生物质成型燃料	31	3	28
洁净煤替代	清洁型煤+适配炉具	28	4	24

注：笔者根据中国散煤治理项目组整理计算。

（一）“煤改气”户均成本估算

“煤改气”是指原来通过散煤取暖的用户改用天然气取暖。取暖设备由过去的燃煤炉具改为燃气壁挂炉等取暖设备。主要使用管道天然气，对于无法连接管网的村庄，也可使用压缩天然气、液化天然气等清洁能源取暖。中国煤控项目小组对河北和山东开展的居民清洁取暖入户调查数据显示：在“煤改气”之前，每户家庭在一个取暖季通过燃烧散煤取暖的成本在2 000元左右，“煤改气”后，居民取暖成本大幅上升，普遍超过 5 000 元左右，是原来散煤取暖的 2～3 倍。扣除各地政府对设备购置和安装的补贴和气价补贴后，居民仍然需要花费 4 200 元左右，大约相当于原来通过燃煤取暖花费的 2 倍。[①] 值得一提的是，上述成本仅包括居民在设备购置和安装以及气价费用和政府的补贴，并没有包括修建输气管道等基础配套设施的投入，站在社会成本的角度，应该将这一部分纳入计算。谢伦裕等（2019）对北京农村地区约 4 000 户居民清洁取暖的情况进行实地调研，估计“煤改气”“煤改气”的年均基础设施成本为 1 583 元/户，本书采用该数据作为居民“煤改气”项目的基建成本，“煤改气”的设备购置安装成本和运行成本采取表 7.1 中燃气壁挂炉的相关数据计算。由此得到“煤改气”户均成本大约为 5 383 元。

（二）“煤改电”户均成本估算

“煤改电”是指将原来使用散煤取暖的用户改为用电取暖。采用的技术路径包括空气源热泵、电暖气、空调、电热膜、蓄热式电锅炉等。以北京市为例，2017 年，北京市统计局对 16 个区 536 户居民开展调研，发现超过 50% 的居民采用空气源、地源热泵方式取暖，另外有 18.5% 的居民采用蓄热式电采暖器取暖。2018 年，北京市“煤改电”村庄 312 个，共 12.26 万户，绝大部分都改为采用空气源热泵取暖。科希曼空气能在北京采集了 392 份“煤改空气源热泵用户满意度调查问卷”，数据显示，以 100 平方米采暖面积为例，用户平均采暖耗电量为 7 365 度，补贴前的采暖费（电费）为 3 518 元，补贴后的采暖费为 2 913 元。主要上述费用仅包括电费，没有包括空气源热泵的购置费用，更没有包括电网改造费用。空气源热泵的价格按照 1.5 万元/台计算，使用寿命为 15 年，无残值，按照平均年限折旧，年均设备购置成本为 1 000 元。电网改造费用按照谢伦裕等（2019）的估计计算，年均成本为 1 583 元/户。由此计算的“煤改气”的成本约为 6 100 元。[②]

（三）其他方式的成本估算

集中供热成本。管道建设费用的年成本参考谢伦裕等（2019）的数据，

① 中国煤控研究项目散煤治理课题组. 中国散煤综合治理调研报告 2018［R］. 北京：中国煤控研究项目系列报告，2018.

② “煤改气”的年户均成本 = 年均设备购置费 + 年均电网改造费 + 年均采暖费

为1 583元/户。100平方米地暖安装费用为2.5万元，预计使用寿命为50年，则初始一次性投入的年均成本为500元/户。采用散煤锅炉供暖，运行年成本按照散煤治理项目的测算为1 600元/户。由此可以计算出集中供热的年均成本为3 683元/户。

地热能替代散煤。实施地热能替代散煤主要在河南省和山东省。以郑州市为例，为推进地热能供暖发展，郑州市研究制定了专项资金奖补政策，依据项目可供暖面积，按照每平方米40元给予奖补，单个项目不超过5 000万元和项目总投资的30%。2018～2020年，郑州市共立项地热能供暖项目27个，总投资约17.2亿元，可实现供暖面积约900万平方米。截至2020年10月，已建成投运项目20个，实现供暖面积超过400万平方米。[①] 按照该数据计算，每个供热项目的平均投资约为6 370万元，地热井的预期使用寿命一般为50年，假设期末无残值，采用平均年限折旧法，年基础设施建设成本约为127.4万元，一个供热项目可供暖20万平方米，按照一户家庭100平方米的供暖面积计算，则一个供热项目可供2 000户家庭使用。则户均年基础设施投资约为637元。设备投资和运行成本采用中国散煤治理项目给出的数据计算，其中设备投资年成本为1 700元/户，运行成本为800元/户。由此计算的地热能替代散煤的成本为3 137元/户。

其他清洁能源替代。其他清洁能源替代方式包括太阳能供热、生物质成型材料取暖等。其他清洁能源替代成本根据表7.1中各种清洁能源的平均成本确定，即其他清洁能源取暖的平均总成本为3 480元/户。其中初始投入的年成本为1 060元/户，年运行成本为2 420元/户。由于太阳能供热以及生物质取暖等供暖方式基本上不涉及基础设施的建设，因而不考虑基础设施建设的成本。

洁净煤替代。在清洁取暖过程中，对于不具备“煤改气”或“煤改电”条件的地区，可以采用洁净煤替代。根据散煤治理项目组的测算，采用洁净煤的年均成本约为2 800元/户，其中适配炉具的年均成本约为400元。

主要清洁取暖技术的成本如表7.2所示。从表7.2中可以看出的，“煤改电”的成本最高，年成本超过6 000元/户，是普通散烧煤取暖的3倍左右；其次为“煤改气”，年均成本也超过5 000元/户。成本最低的洁净煤替代，年

---

① 郑州市人民政府．郑州市全市投运地热能供暖项目达20个［EB/OL］．（2020－10－20）［2023－10－8］https：//www.henan.gov.cn/2020/10－20/1830127.html

均总成本为2 800元。从成本构成上看，可再生能源（地热能和其他清洁能源）的初始一次性投入较高，但是运行费用普遍低于“煤改气”“煤改电”，而“煤改气”“煤改气”的初始安装成本相对较低，而运行成本普遍较高。

表7.2　不同清洁取暖改造技术的年均成本构成　单位：元/户

清洁取暖技术路线	基建成本	设备购置/安装成本	运行成本	年均成本	增量成本
“煤改气”	1 583	400	3 400	5 383	3 383
“煤改电”	1 583	1 000	3 518	6 101	4 101
洁净煤替代	0	400	2 400	2 800	800
集中供热	1 583	500	1 600	3 683	1 683
地热能	637	1 700	800	3 137	1 137
其他清洁能源替代	0	1 060	2 420	3 480	1 480

值得一提的是，清洁取暖改造是采用各种清洁取暖方式替代散煤取暖的过程，在测算各种清洁取暖方式的成本时，应该扣除其替代的散煤取暖的成本，以此作为各项清洁取暖方式的增量成本。中国煤控项目小组对河北和山东开展的居民清洁入户调查的数据显示，在实施清洁取暖改造前，每户家庭在一个取暖季通过燃烧散煤取暖的成本大约在2 000元。由此可以测算出各种清洁取暖改造方式的年均增量成本，如表7.2所示。

三、清洁取暖改造的总成本测算

结合前述清洁取暖的完成情况以及各类清洁取暖技术的成本数据对清洁取暖改造的总成本进行测算，各项措施的成本测算如表7.3所示。2017～2019年，“2+26”城市清洁能源替代散煤取暖15 94.2万户，清洁煤替代散煤581.4万户，总成本为606.7亿元。其中“煤改气”成本最高，达到282亿元，占清洁取暖工程总成本的46.5%。其次为“煤改电”257.1亿元，占清洁取暖总成本的42.4%。“煤改气”“煤改电”成本合计占清洁取暖成本的比例超过85%。逐年来看，2017年是《大气污染防治行动计划》第一阶段的收官之年，清洁改造的力度最大，成本为213.9亿元，占比为35.3%。2018年和2019年是《打赢蓝天保卫战三年行动计划》的前两年，清洁取暖改造的力度逐年加大，清洁取暖的成本的也在逐年提升。从2018

年的180.6亿元，增加到2019年的212.2亿元。

表7.3　　2017～2019年“2+26”城市清洁取暖成本测算

替代方式	年户均成本（元）	改造户数（万户）			总成本（亿元）	占比（%）
		2017年	2018年	2019年		
“煤改气”	3 383	369.7	223.1	240.8	282.0	46.5
“煤改电”	4 101	180.5	190.2	256.3	257.1	42.4
集中供热	1 683	27.9	33.6	33.2	15.9	2.6
地热能替代	1 137	0	16.3	3.8	2.3	0.4
其他清洁能源	1 480	0	6.3	12.5	2.8	0.5
洁净煤替代	800	126.1	233.7	221.6	46.5	7.7
合计	—	**704.2**	**703.1**	**768.2**	**606.7**	**100**

从省份层面看，河北的清洁改造成本最高，达到229.4亿元，占比为37.8%；其次为河南和山东，占比分别为26.8%和17.2%。从成本结构上看，河北传输通道城市“煤改气”的成本最高，达到178亿元，占“2+26”城市的63.1%；其次为山东，“煤改气”成本为54.6亿元，占比为19.4%。河南传输通道城市“煤改电”的成本最高，达132.4亿元，占“2+26”城市“煤改电”成本的51.5%；其次为河北和山东，占比分别为15.6%和11.9%。各省市清洁取暖成本如图7.5所示。

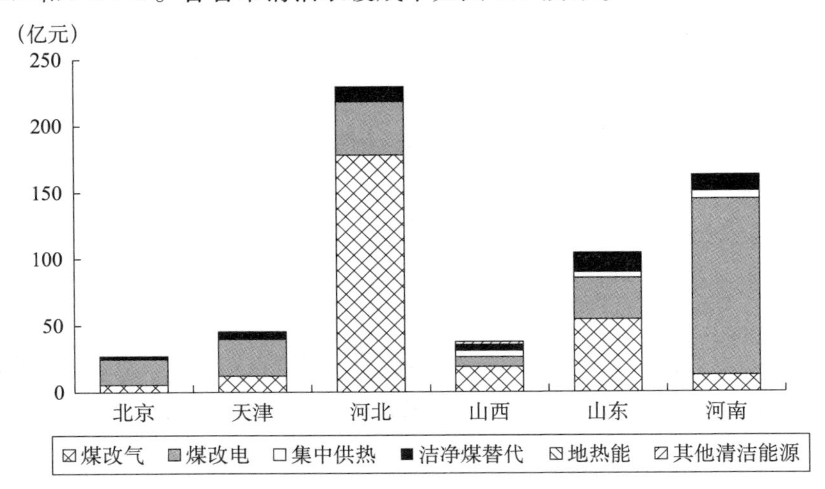

图7.5　（2017～2019年）京津冀及周边地区城市清洁取暖改造成本

资料来源：笔者自绘。

从城市层面看，天津的清洁取暖成本最高，达到45.6亿元，约占“2+26”城市总取暖成本的7.5%。其次为安阳、石家庄、邯郸和保定，占比分别为7.3%、6.4%、6.0%和6.0%。上述5个城市的清洁取暖成本约占总成本的1/3。各城市清洁取暖成本的占比情况如图7.6所示。

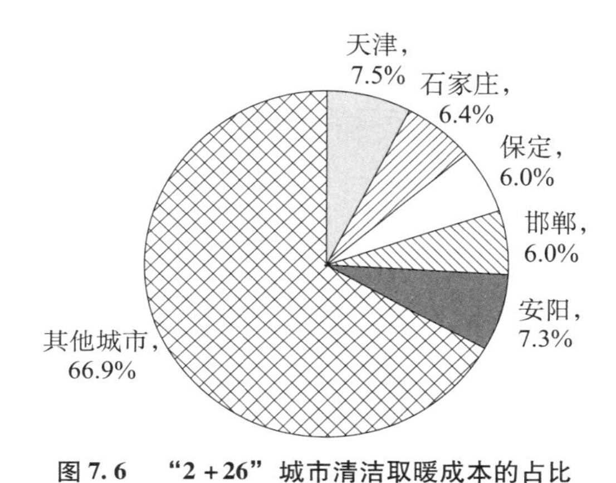

图7.6　“2+26”城市清洁取暖成本的占比

资料来源：笔者自绘。

第三节　锅炉综合治理成本测算

一、京津冀及周边地区锅炉综合治理情况

京津冀及周边地区锅炉综合整治采取因地制宜、循序渐进的方式，锅炉淘汰整治的力度不断加大。通过梳理历年的《京津冀及周边地区秋冬季大气污染综合治理攻坚行动方案》，不同省份燃煤锅炉的淘汰力度存在显著差异，如表7.4所示。

表7.4　京津冀及周边地区燃煤锅炉淘汰进度安排

地区		10蒸吨及以下			35蒸吨及以下		
		2017年	2018年	2019年	2017年	2018年	2019年
北京	城六区、南部平原	无煤化					
	建成区	√	√	√	√	√	√
	行政区域	√	√	√	×	√	√

续表

地区		10 蒸吨及以下			35 蒸吨及以下		
		2017 年	2018 年	2019 年	2017 年	2018 年	2019 年
天津	中心城区、滨海新区、环城四区	√	√	√	√	√	√
	其他区	√	√	√	×	√	√
	行政区域	√	√	√	×	√	√
河北	城市建成区、直管县建成区	√	√	√	√	√	√
	石家庄、保定、廊坊行政区域	√	√	√	×	√	√
	其他城市县城、城乡接合部	√	√	√	×	√	√
	行政区域	×	√	√	×	√	√
山西	城市建成区	√	√	√	×	√	√
	县城	√	√	√	×	×	√
	行政区域	×	√	√	×	×	√
山东	城市建成区	√	√	√	×	√	√
	行政区域	√	√	√	×	×	√
河南	城市建成区	√	√	√	×	√	√
	行政区域	√	√	√	×	×	√

注：√代表在该年底淘汰的燃煤锅炉范围，×表示尚未纳入淘汰范围。

具体而言，北京对锅炉的整治力度最大，其次为天津、河北，山西、山东、河南燃煤锅炉的整治力度相对较弱。具体而言，2017 年 10 月底以前，北京除了要求城六区及南部平原地区实现无煤化之外，也是率先在所有城区（建成区）淘汰 35 蒸吨及以下燃煤锅炉的城市。天津和河北作为地理位置紧邻北京的省份，也同时在部分城区或城市建成区开展 35 蒸吨及以下燃煤锅炉的淘汰工作。而山东、河南、山西 3 个省份在 2017 年并没有淘汰 35 蒸吨及以下燃煤锅炉的任务，仅要求在行政区域内淘汰 10 蒸吨及以下的燃煤锅炉。2018 年，北京、天津和河北在行政区域内全面淘汰 35 蒸吨及以下燃煤锅炉，山西、河南、山东开始在城市建成区开展 35 蒸吨以下的燃煤锅炉。2019 年，“2 +26”城市中山西、河南、山东涉及的城市才开始在行政区域内全面淘汰 35 蒸吨及以下燃煤锅炉。

从锅炉综合治理的成果来看，2017 ~2019 年，京津冀及周边地区“2 +

26”城市共治理锅炉22.62万蒸吨。从锅炉治理方式来看，主要包括淘汰燃煤锅炉、燃煤锅炉节能和超低排放改造、燃气锅炉低氮改造以及生物质锅炉超低排放改造四种。2017～2019年，“2+26”城市共计淘汰燃煤锅炉9.21万蒸吨，占比达到40.7%，是最主要的锅炉治理方式；其次是燃气锅炉低氮改造，三年共完成改造6.96万蒸吨，占比为30.8%；生物质锅炉改造占比最小，仅为0.7%。分地区看，河北锅炉改造力度最大，达到8.9万蒸吨，占比为39.3%；其次为山东，锅炉治理4.65万蒸吨，占比为20.6%。锅炉改造的类型分布及地区分布如图7.7所示。

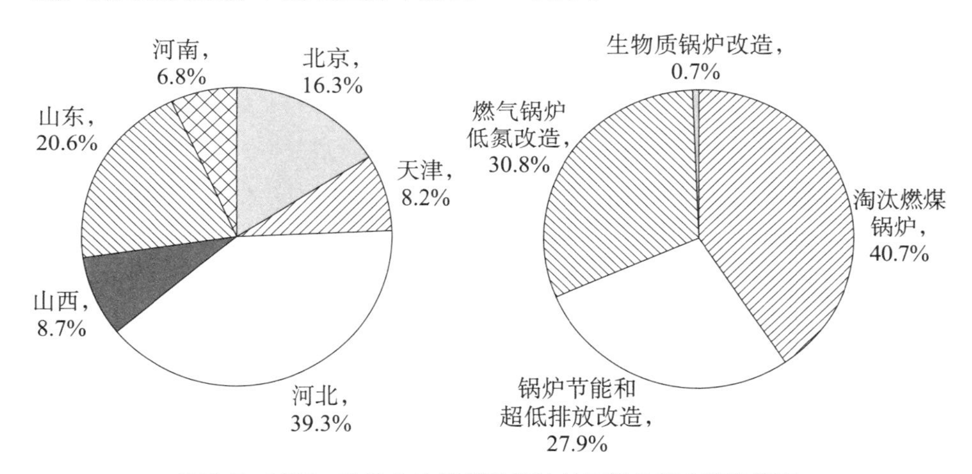

图7.7 2017～2019年京津冀及周边地区锅炉综合整治情况

资料来源：历年《京津冀及周边地区秋冬季大气污染综合治理方案》。

分年来看，2017年作为《大气污染防治行动计划》第一阶段的收官之年，各省份大气污染的治理力度最强。从锅炉治理来看，2017年，“2+26”城市共开展锅炉综合整治12.9万蒸吨，占三年总治理数的57%。2018年，锅炉整治工作更趋理性，提出要“因地制宜、多措并举”的治理原则，并要求各地在确保供热安全可靠的前提下开展燃煤锅炉淘汰工作。当年，“2+26”城市共完成锅炉整治约3.8万蒸吨，约为三年锅炉总治理数的17%。包括锅炉整治在内的大气污染防治政策力度的趋弱对大气环境造成一定的负面影响。根据生态环境部的数据，2018～2019年秋冬季，京津冀及周边地区 $PM_{2.5}$ 平均浓度同比上升6.5%，重污染天数同比增加36.8%。2019年作为《打赢蓝天保卫战三年行动计划》的中间年，其大气污染治理成效直接影响 2020 年目标的实现。具体到锅炉治理上，力度较 2018 年加大，锅炉整治蒸吨数较 2018 年同比上升 54.8%，达到 5.9 万蒸吨。接下来简要说明每年锅炉治理的情况及特点。

从燃煤锅炉的淘汰数量上看，2017 年底，纳入 2017 年度淘汰清单中的 4.4 万台燃煤锅炉全部“清零”，各省份散煤锅炉的淘汰数量如图 7.8 所示。其中，河北淘汰数量最大，达到 1.7 万台，占京津冀及周边地区的四成左右。其次为山东，占比接近 36%。从实际完成情况来看，京津冀及周边地区完成锅炉综合整治 13 万台左右。其中，“2 + 26”城市淘汰燃煤小锅炉 4.4 万台，淘汰小煤炉等散煤燃烧设施 10 万多个。各地区淘汰锅炉数量如图 7.8 所示。

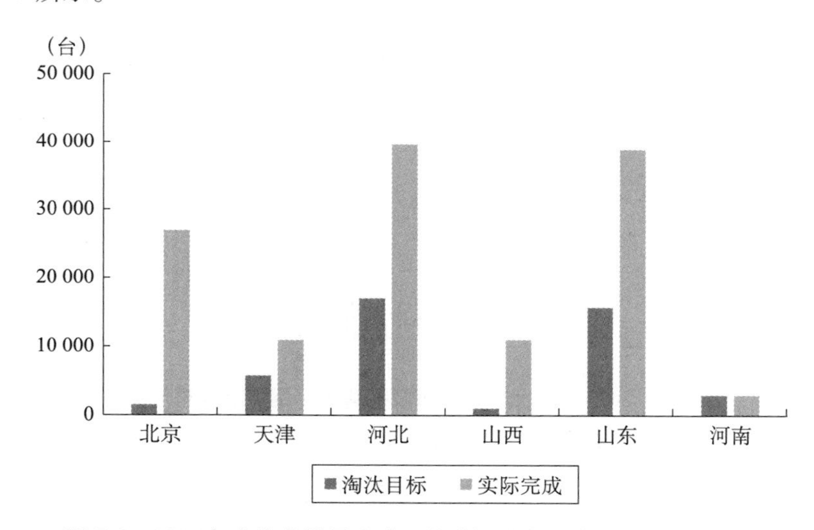

图 7.8　2017 年京津冀及周边地区散煤锅炉淘汰计划与实际完成数

资料来源：燃煤锅炉淘汰计划来源于《京津冀及周边地区 2017—2018 年秋冬季大气污染综合治理攻坚行动方案》，实际完成情况来源于各省份的《环境状况公报》。

2018 年，燃煤整治从淘汰燃煤小锅炉转向淘汰燃煤小锅炉和燃气锅炉的低氮改造并重。一方面，加大燃煤小锅炉的淘汰力度。到 2018 年底，北京、天津、河北基本淘汰每小时 35 蒸吨以下的燃煤锅炉。山西、山东、河南建成区淘汰每小时 35 蒸吨以下的燃煤锅炉，在其他区域则全面淘汰每小时 10 蒸吨以下的燃煤锅炉。同时对燃气锅炉低氮改造制定了具体的目标。其中，北京基本完成燃气锅炉的改造任务，京津冀及周边地区其他省市需要完成 1 052 台、1. 59 万蒸吨。其中，河北需要完成的燃气锅炉改造最多，为 8 028 蒸吨，占总数的 50%。其次为天津，5 908 蒸吨，占比为 37. 5%。从实际完成情况来看，京津冀及周边地区“2 +26”城市实际共完成锅炉综合治理 3. 79 万蒸吨。其中，淘汰燃煤锅炉 1. 46 万蒸吨，占锅炉综合整治的 38. 5%。其次为燃气锅炉低氮改造、锅炉节能和超低排放改造，占比分别为 34. 8% 和 26. 7%。从地区上看，河北锅炉改造力度最大，共完成各类改造 2. 4 万蒸吨，占比为 63%。其次为天津和山西，占比分别为 17. 5% 和 10. 3%。

2019 年，京津冀及周边地区“2 +26”城市在行政区域内基本淘汰 35 蒸吨以下燃煤锅炉的同时，开始加大生物质锅炉的治理力度。要求生物质锅炉采用专用锅炉，并配套旋风 + 布袋等高效除尘设施，禁止掺烧煤炭、垃圾、工业固体废物等其他物料。2019 年，京津冀及周边地区“2 +26”城市共完成锅炉综合整治 5. 9 万蒸吨。其中，燃气锅炉低氮改造最多，占比达 56. 6%。其次为燃煤锅炉节能和超低排放改造，占比为 30. 3%。

二、锅炉治理单位成本测算

锅炉综合治理措施包括淘汰燃煤锅炉、燃煤锅炉节能与超低排放改造、燃气锅炉低氮改造、生物质锅炉超低排放改造等。不同治理方式的成本存在较大差异。接下来对不同的锅炉治理方式的成本测算进行详细说明。

淘汰燃煤锅炉的方式包括取缔关闭、集中供热替代、“煤改气”“煤改电”以及清洁能源替代。其中，取缔关闭燃煤锅炉必须拆除烟囱或物理割断烟道，不具备复产条件。结合京津冀及周边地区的实际情况看，取缔拆除、“煤改电”“煤改气”三种散煤锅炉淘汰方式各占 1/3 左右。燃煤锅炉取缔拆除下，假设政府的补贴完全覆盖拆除煤锅炉的残值补偿，政府关于取缔燃煤锅炉的补助数据根据各省份政府关于取缔关闭燃煤锅炉的补助办法获取。燃煤改燃电力和天然气的成本参考马国霞等（2019）的数据，分别为每蒸吨 25 万元和 35 万元，同时改造后的锅炉设备按照 5 年进行折旧。

燃煤锅炉超低排放改造是指参照国家燃气锅炉排放标准，在基准氧含量 9% 条件下，烟尘、二氧化硫、氮氧化物排放浓度分别不高于 10 毫克/立方米、50 毫克/立方米、200 毫克/立方米（重点区域氮氧化物浓度不超过

100 毫克/立方米)。赵东阳等(2016)对不同燃煤机组超低排放改造的技术路线进行了分析,发现燃煤机组开展超低排放改造的成本高昂,全面超低排放的单位减排成本为 7.24 万元/吨,其中脱硫、脱硝、除尘的单位减排成本分别为 4.46 万元/吨、2.35 万元/吨、0.43 万元/吨。胡鹏(2019)对 300MW 燃煤机组的超低排放改造进行了经济性分析,发现投资成本为 8 400 万元左右,按我国在役煤电机组平均服役年限仅为 12 年的数据计算,年投资成本为 2.3 万元/MW;300MW 燃煤机组的年运行成本为 7 540 万元,年运行成本为 25.1 万元/MW,故超低排放改造的成本为 27.4 万元/MW。根据发电机组容量与锅炉吨位的对应关系,300MW 的汽轮发电机组容量对应亚临界锅炉的蒸发量为 1 025 蒸吨/小时。由此可计算出燃煤锅炉超低排放改造的年成本约为 8 万元/蒸吨。李振生等(2020)对某电厂 2×330MW 燃煤机组的配套燃煤锅炉的烟气超低排放改造进行了经济性评价,发现燃煤机组脱硫、脱硝、除尘的超低排放改造成本在 23 万~28 万元/MW,根据发电机组容量与锅炉吨位的对应关系,可计算出燃煤锅炉超低排放改造的成本为 6.7 万~8.2 万元/蒸吨。综上所述,本书取锅炉超低排放改造成本的平均值 7.5 万元/蒸吨。

燃气锅炉低氮改造是指燃气锅炉通过更换低氮燃烧器、整体更换燃气锅炉等方式,有效降低氮氧化物排放浓度的污染治理工程。不同的低氮改造方式以及氮氧化物排放浓度值标准,改造成本存在较大差异。这里采用天津市的实际数据估算。根据《天津市 2018 年燃气锅炉低氮改造工作方案》《天津市 2018 年中央大气污染防治专项资金使用方案》的要求,2018 年天津市需要完成全市燃气锅炉低氮改造 61 座 222 台 6 621 蒸吨,投资额为 11 611 万元,可计算出平均每蒸吨的投资额为 1.75 万元。

生物质锅炉超低排放改造包括脱硝、除尘等工作。2019 年生态环境部发布的《京津冀及周边地区 2019—2020 年秋冬季大气污染综合治理攻坚行动方案》提出要加大生物质锅炉整治力度,积极推进"2+26"城市建成区生物质锅炉超低排放改造。地方政府据此制订了改造方案,很多地方政府文件中明确要求超低排放改造后的生物质锅炉要达到燃煤电厂的超低排放水平。由于生物质锅炉烟气中含碱金属、重金属等,采用选择性催化还原脱硝,易造成催化剂中毒甚至失效,脱硝效率降低,无法达到超净排放要求;同时,由于生物质燃烧后的烟尘颗粒物较燃煤排放更细,锅炉尾气处理装置中还需加上布袋除尘的设备，日常更换和维护也增加企业成本。因此，生物质锅炉超低排放改造的成本要比发电厂燃煤锅炉的改造成本更高，这里采用每蒸吨 8 万元的投资成本计算。

三、锅炉综合治理总成本

2017～2019 年，“2 +26”城市共治理锅炉 22. 62 万蒸吨，总成本为 97. 5 亿元。从年份来看，2017 年作为《大气污染防治行动计划》第一阶段的收官之年，京津冀及周边地区“2 +26”城市开展各类锅炉综合整治 12. 9 万蒸吨，年总投资成本达 58. 66 亿元，占总成本的比例约 60%。2018 年和 2019 年的占比分别为 16. 2% 和 23. 6%。从锅炉改造的类型来看，燃煤锅炉的超低排放改造最高，总成本达 47. 24 亿元，占总成本的比重为 48. 47%；其次为淘汰燃煤锅炉（包括拆除和改燃清洁能源），成本为 36. 83 亿元，占比为 37. 78%；因生物质锅炉改造的数量较少，其改造总成本也最少，成本占比仅为 1. 24%。“2 +26”城市历年各类锅炉综合治理方式的成本如表 7. 5 所示。

表 7. 5　“2 +26”城市锅炉综合治理的经济成本

锅炉治理方案	历年成本（亿元）			总成本（亿元）	占比（%）
	2017 年	2018 年	2019 年		
淘汰燃煤锅炉	28. 38	5. 95	2. 49	36. 83	37. 78
燃煤锅炉节能与超低排放改造	26. 25	7. 56	13. 44	47. 24	48. 47
燃气锅炉低氮改造	4. 03	2. 31	5. 85	12. 18	12. 50
生物质锅炉超低排放改造	0	0	1. 21	1. 21	1. 24

分地区来，河北大气污染传输通道城市共完成锅炉综合治理 8. 89 万蒸吨，治理成本 35. 96 亿元，占总治理成本的 36. 9%；其次为山东，治理成本达到 27. 35 亿元，占总治理成本的 28. 1%；天津锅炉综合治理的总成本最小，占比为 6. 2%。各省份锅炉治理成本情况如图 7. 9 所示。

分城市来看，锅炉综合治理成本最高的前五个城市为济南、北京、石家庄、天津和廊坊，五个城市成本合计为 42. 09 亿元，占锅炉治理总成本的 43. 2%。锅炉综合治理成本最低的五个城市分布为开封、焦作、衡水、鹤壁和郑州，五个城市锅炉治理成本合计为 2. 72 亿元，占总成本的 2. 8%。

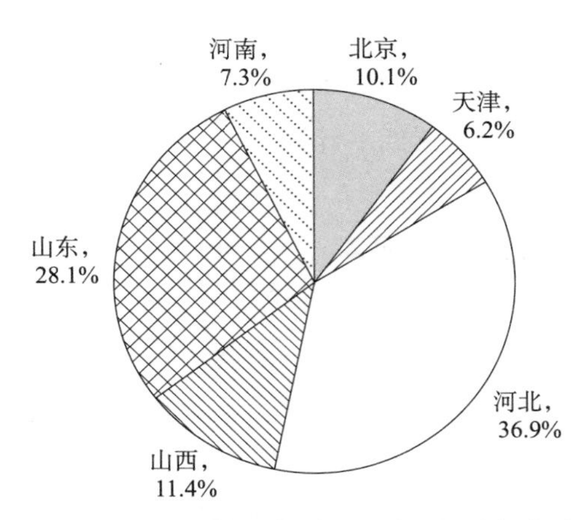

图 7.9　2017～2019 年京津冀及周边地区锅炉综合治理成本

资料来源：笔者自绘。

第四节　机动车治理成本测算

一、淘汰黄标车和老旧车

黄标车是指排放水平低于国Ⅰ排放水平的机动车和低于国Ⅲ水平的柴油车的统称。黄标车污染排放高，一辆黄标车的排放量分别相当于 5 辆国Ⅰ、7 辆国Ⅱ、14 辆国Ⅲ和 20 多辆国Ⅳ汽油车的排放量，是交通污染的重要贡献源。2013 年 10 月《大气污染防治行动计划》将淘汰黄标车和老旧车作为移动源污染防治的重要举措，并提出黄标车淘汰目标：到 2015 年，淘汰 2005 年底前注册营运的黄标车；到 2017 年，基本淘汰全国范围的黄标车。2014 年 5 月，国务院办公厅印发《2014—2015 年节能减排低碳发展行动方案》，将黄标车和老旧车淘汰任务分解到各地区。为了保证淘汰任务顺利完成，各省份相继出台了黄标车及老旧车淘汰工作实施方案和黄标车淘汰补贴管理办法，对黄标车和老旧车淘汰给予不同程度的经济补偿。

根据各地公开报道的新闻资料统计，2017～2019 年，京津冀及周边“2＋26”城市共淘汰黄标车和老旧车 134.9 万辆。其中，2017 年作为第一阶段大气污染防治的收官之年，黄标车和老旧车淘汰数量最高，达 85.1 万辆，占比为 63.1%。分地区来看，2017～2019 年，北京共淘汰黄标车和老旧车 58.6 万辆，占“2+26”城市总淘汰数量的 43.3%；其次为天津，共淘汰黄标车和老旧车 29.2 万辆，占比为 21.6%；淘汰数量最少是山西的大气污染传输通道城市，占比约 5.1%。

不同城市黄标车和老旧车补贴标准存在差异，且同一城市就不同登记年份和不同车型的黄标车和老旧车的补贴标准也存在较大差异。这里采用补贴的平均值计算，补贴数据来源于各城市的黄标车和老旧车淘汰补贴实施办法。2017～2019 年，京津冀及周边地区“2+26”城市老旧车补贴达 118.7 亿元。其中，2017 年的补贴额为 76.5 亿元，占总补贴额的 64.4%。2018 年和 2019 年的补贴占比分别为 19.5% 和 16.1%。分地区来看，北京淘汰黄标车和老旧车的补贴最多，为 57.4 亿元，占“2+26”城市补贴额的 48.4%。其次为河北和天津，占比分别为 13.5% 和 12.6%。山西 4 个传输通道城市的黄标车补贴额最低，仅为 5.5 亿元，约占“2+26”城市补贴额的 4.6%。不同省份黄标车和老旧车淘汰数量及补贴金额如图 7.10 所示。

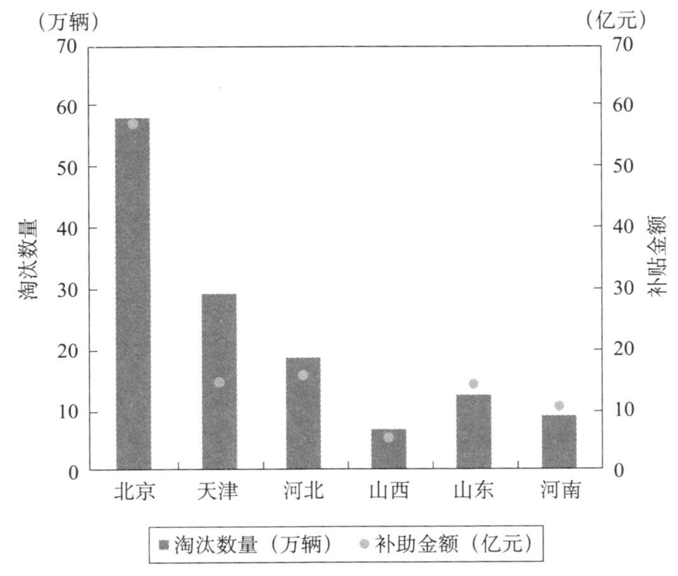

图 7.10 京津冀及周边地区黄标车及老旧车淘汰数量和补贴金额

资料来源：笔者自绘。

二、推广新能源汽车

针对不同类型的新能源汽车，中央财政补贴的力度存在较大差异。历年的《新能源汽车推广补贴方案及产品技术要求》对新能源乘用车、客车、货车和其他专用车等不同类型的新能源汽车给出了不同的补贴标准。本书选择续驶里程为250～300千米的纯电动乘用车、长度为8～10米的非快充类纯电动客车，以及纯电动货车和专用车的中央财政补贴额为标准计算新能源汽车的中央财政补贴，不同类型新能源汽车的中央财政补贴标准如图7.11所示。

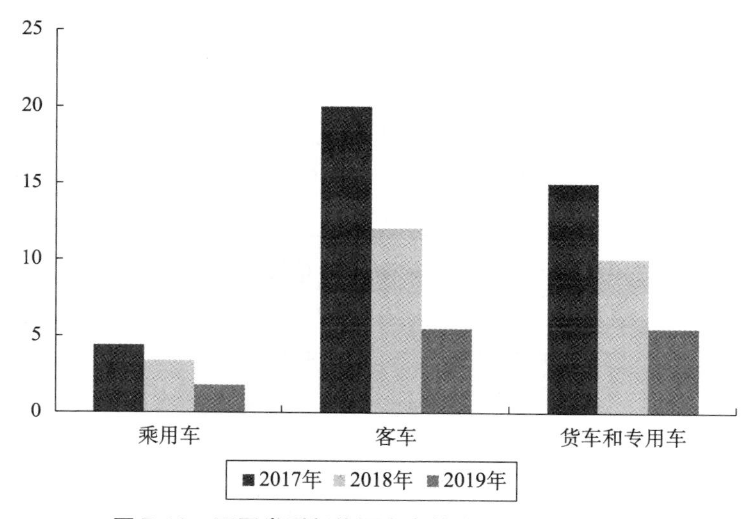

图7.11　不同类型新能源汽车的中央财政补贴标准

从图7.11中可以看出，客车的单车中央财政补贴额最高，其次为货车和专用车，乘用车的单车财政补贴额最低。此外，还可以看出，不同类型的新能源汽车的中央补贴额在不断下降，新能源汽车补贴逐年退坡。在测算新能源汽车推广的成本时，我们假定政府补贴额正好可以覆盖新能源汽车与传统燃油汽车之间的成本差距，因此，直接用其政府的补贴额作为推广新能源汽车的成本。

根据各地公开报道的新闻资料统计，2017～2019年，“2+26”城市共推广新能源汽车45.1万辆，获得的中央财政补贴额达到174.4亿元，按照地方政府各级补贴总和不得超过中央财政单车补贴的50%的规定，中央加上各级地方政府对于新能源汽车的补贴额达到261.7亿元。分年来看，三年的推广力度相差不大，分别为16.1万辆、15.9万辆和13.1万辆。由于新能源汽车补贴力度逐年递减，三年的获得新能源汽车补贴分别为133.3亿元、89.1亿元和39.3亿元。

分地区看，2017～2019年，北京推广新能源汽车的数量最多，达到21.2万辆，获得补贴额达99.2亿元，占总补贴额的37.9%；其次为天津，三年新增的新能源汽车数量和获取的各级财政补贴额分别为9.9万辆和52.1亿元，占比分别为22%和20%；山西4个通道城市推广的新能源汽车最少，为1.5万辆，约占“2+26”城市的3.4%。各省份推广新能源汽车的数量及获得财政补贴如图7.12所示。

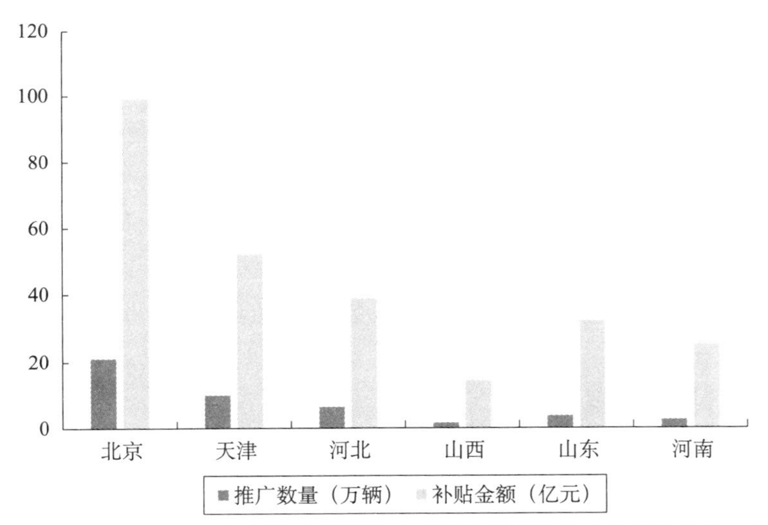

图7.12　2017～2019年京津冀及周边地区新能源汽车推广数量及补贴金额

资料来源：笔者自绘。

第五节　压减落后产能成本测算

一、计算方法说明

京津冀地区淘汰的落后产能主要包括小火电、钢铁、焦炭、煤炭、平板玻璃、电解铝和水泥。这里采用淘汰产能的市场价值测算该项治理成本，计算公式为：治理成本 = 压减产能量 × 产品价格 × 产能利用率。其中，淘汰落后产能数量来自各城市历年《政府工作报告》《生态环境状况公报》，产能利用率采用国家统计局公布的历年全国工业产能利用率。

接下来对各分项测算依据进行详细说明。对于小火电而言，首先根据历年各地火电利用小时数将淘汰小火电的装机容量数转换成年发电量，然后乘以历年各地燃煤机组标杆上网电价，得到“2 +26”城市淘汰小火电的经济成本，各地火电利用小时数及燃煤机组标杆上网电价来源于北极星电力网；钢铁价格采用主要钢铁市场代表性品种的历年平均价格计算①，钢铁价格的原始数据来源于中国钢铁协会；煤炭价格采用秦皇岛动力煤 5 000 大卡年平均价格计算，原始数据来源于秦皇岛煤炭网；焦炭价格采用二级冶金焦的出厂价格（含税），其中河北各城市的焦炭价格采用唐山市场的价格，山西各城市的焦炭价格采用吕梁市场的价格，山东各城市的焦炭价格采用淄博市场的价格，北京、天津的焦炭价格采用唐山、吕梁和淄博市场价格的平均值计算，主要焦炭市场价格的原始数据来源于我的煤炭网（my-coal. cn）；玻璃价格采用全国重点企业 5 毫米浮法玻璃历年平均价格，电解铝价格和水泥价格采用全国均价计算，数据来源于中国产业信息网。

二、计算结果

2017 ~ 2019 年，京津冀及周边地区“2 + 26”城市共压减小火电 1 363. 3万千瓦、钢铁 9 011. 85 万吨、焦炭 1 769. 4 万吨、煤炭 5 790 万吨、平板玻璃 1 170 万箱、电解铝 625. 2 万吨、水泥 1 681. 8 万吨。其中，河北压减过剩产能的力度最大，贡献了“2 +26”城市中 89% 的钢铁、64% 的焦炭、25% 的煤炭、100% 的平板玻璃、78% 的水泥的压减量。

压减过剩和落后产能的成本计算结果如表 7. 6 所示。2017 ~ 2019 年，“2 +26”城市因淘汰落后产能的成本合计为 4 209. 2 亿元。其中淘汰钢铁产

---

① 这里选用的代表性钢铁产品包括高线、螺纹钢、角钢、中厚板、热板卷和冷薄板。主要钢铁市场包括北京、天津、济南、郑州，分别作为北京、天津、山东和河南各城市的钢铁价格。河北和山西各城市的钢铁价格按照上述四个主要市场钢铁价格的平均值计算。

能的成本最大，为2 817.3亿元，占总成本的66.9%；其次为电解铝、焦炭和煤炭，占总成本的比重分别为15.4%、6.3%和5.6%。各种淘汰项目的经济成本如表7.6所示。分年来看，2017年的压减过剩产能的成本最大，达到1 727.1亿元，占比为41%；其次为2018年，压减过剩产能的成本为1 379.8亿元，占比为32.8%。分地区看，河北传输通道城市的压减成本最大，达2 800.3亿元，占比66.5%；其次为山东，压减成本为882.4亿元，占比为21.0%；北京压减过剩产能的成本最小，几乎没有压减过剩产能任务。

表7.6　"2+26"城市淘汰落后产能的成本　单位：亿元

淘汰项目	2017年	2018年	2019年	合计
小火电	19.88	133.29	30.56	183.73
钢铁	1 194.74	768.00	854.56	2 817.30
焦炭	59.00	116.84	88.21	264.04
煤炭	91.91	66.68	76.17	234.77
平板玻璃	1.52	3.26	2.18	6.96
电解铝	333.68	278.02	37.67	649.36
水泥	26.36	13.72	12.99	53.07

第六节　其他方面的成本测算

清理整理"散乱污"企业。整理统计各地历年的政府工作报告和生态环境公报相关数据，2017~2019年，京津冀及周边地区"2+26"城市共清理整治"散乱污"企业22.12万家，其中取缔关停的超过80%，分地区看，河北传输通道城市共清理整治"散乱污"企业11.45万家，占比超过50%；其次为山东，共清理整治3.42万家"散乱污"企业，占比为15%。"散乱污"企业治理成本参考彭菲等（2018）的计算方法获得。"散乱污"企业单位治理成本约为4.13万元，由此计算出"2+26"城市清理整治散乱污的成本约为91.3亿元。

其他治理措施。其他方面的大气污染防治措施包括机动车尾气防治、扬尘综合治理、秸秆禁烧、重点行业限产和错峰生产等，上述措施按照总成本的10%概算，合计治理成本为598.3亿元。

第七节 京津冀大气污染联防联控的成本测算

根据上述章节的测算，2017~2019年，京津冀及周边地区“2+26”城市大气污染防治政策成本约为5 983.4亿元，占该地区生产总值的比重为1.5%。历年的成本分别为2 534.1亿元、1 893.4亿元和1 555.8亿元。分项来看，治理成本最大的措施为压减落后产能，成本达到4 209.2亿元，占比为70.3%；其次为清洁取暖改造，治理成本达到606.7亿元，占比为10.1%；治理成本最少的是清理整治“散乱污”企业，治理成本为91.3亿元，占比为1.5%。各项大气污染防治措施的成本如图7.13所示。

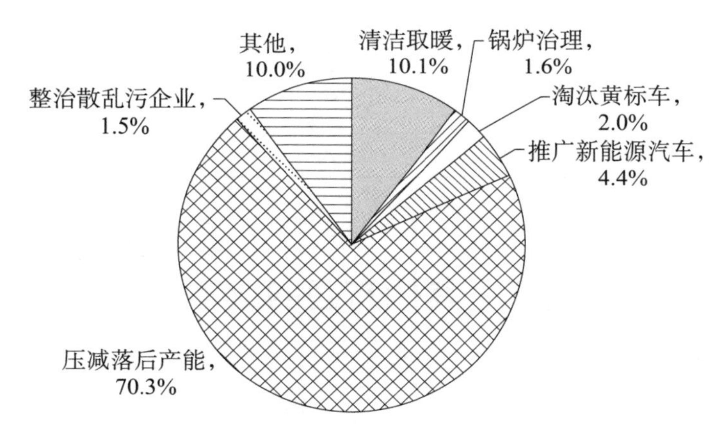

图7.13 “2+26”城市大气污染防治的成本构成

资料来源：笔者自绘。

分地区来看，河北大气污染防治力度的总成本最多，达3 519.7亿元，占“2+26”城市总治理成本的58.8%；其次为山东，治理成本1 194亿元，占比为20%；最少的是天津，治理成本为207.9亿元，占比为3.5%。各地区的成本构成如图7.14所示。

从各地区的成本结构上看，北京和天津以机动车治理（推广新能源汽车、淘汰黄标车和老旧车）为主，占各自治理总成本的71.7%和32.2%；河北、山西、山东以淘汰落后产能为主，占各自总成本的比重均在70%以

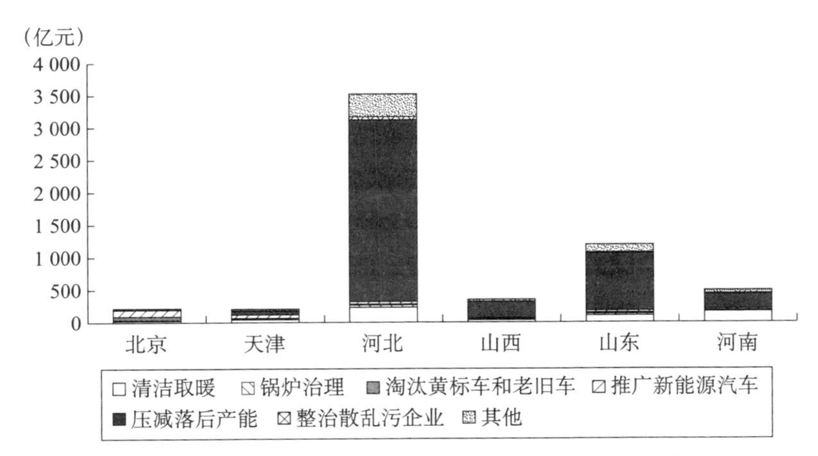

图 7.14　京津冀及周边地区大气污染防治政策的成本构成

资料来源：笔者自绘。

上。河南以淘汰落后产能和清洁取暖为主，占比分别为 45.6% 和 33.1%。

分城市来看，治理成本最大的前三位分别是廊坊、唐山和滨州，其治理成本分别为 1 362.9 亿元、905 亿元和 842.5 亿元，占“2 +26”城市总治理成本的比重分别为 22.8%、15.1% 和 14.1%；排名后三位的城市分别为开封、鹤壁和菏泽，三个城市共计治理成本 59.5 亿元，占比约 1%。各城市大气防治政策的成本如图 7.15 所示。

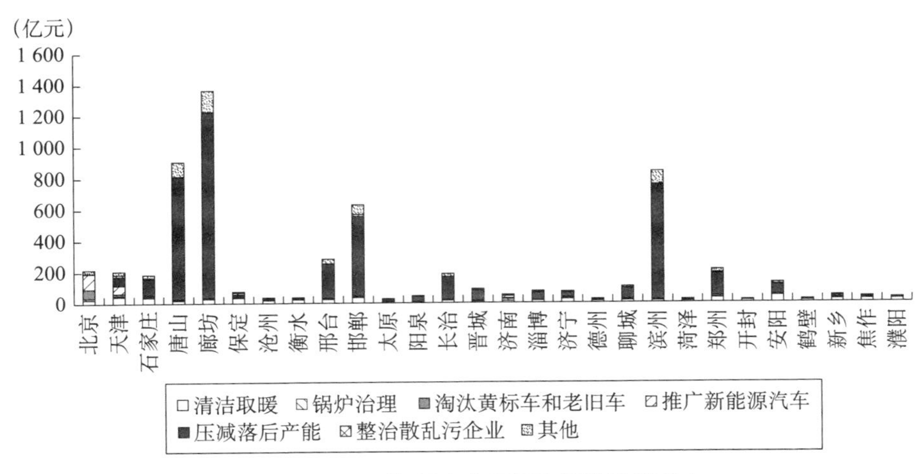

图 7.15　2 +26”城市大气污染防治政策成本

资料来源：笔者自绘。

第八节　京津冀大气污染联防联控的成本效益分析

2017~2019年，京津冀及周边地区大气污染联防联控政策的效益为1.58万亿元，成本为0.6万亿元，净效益达0.98万亿，效费比（效益/成本）为2.6。历年的效益和成本如图7.16所示。从图7.15中可以看出，整体而言，总效益呈逐年上升趋势，从2017年4 497.4亿元增长至2019年的6 406.9亿元；总成本呈逐年下降趋势，从2017年的2 534.1亿元下降至2019年1 555.8亿元。

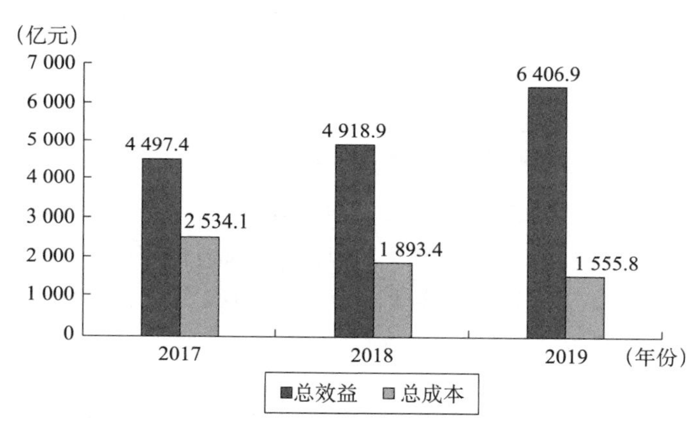

图7.16　京津冀及周边地区大气污染防治的成本效益分析

资料来源：笔者自绘。

分地区的成本效益分析如图7.17所示。河北获得的总效益最多，为5 144.2亿元，占“2+26”城市总效益的比重为32.5%；山西获得的总效益最少，为658.8亿元，占比为4.2%。河北付出的总成本最大，为3 519.7亿元，占“2+26”城市总成本的比重为58.8%；天津付出的总成本最小，为207.9亿元，占比为3.5%。从净收益角度看，山东获得的净收益最多，为2 557.3亿元，占“2+26”城市净收益的26%；山西获得的净收益最少，为306.7亿元，占比为3.1%。从效费比（效益/成本）角度看，北京最高，达11.3；河北最低，为1.5。

分城市看，净效益最高的三个城市是北京、天津和济南，分别为2 249.1

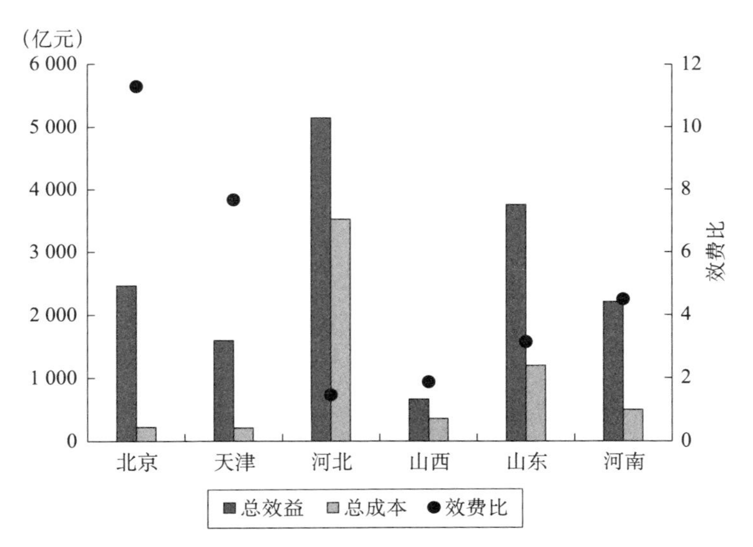

图 7.17　京津冀及周边各地区的成本效益分析

资料来源：笔者自绘。

亿元、1 385.7 亿元和 988.0 亿元，占比分别为 22.9%、14.1% 和 10%；净效益为负的城市有 5 个，分别为廊坊、滨州、唐山、邯郸和长治，其中净效益最小是廊坊，为 -614.4 亿元，占比为 -6.2%。从净效益占 GDP 的比重角度分析，排名最高的前三个城市分别为衡水、沧州和保定，分别为 9.7%、6.5% 和 5.1%；排名最低的后三个城市分别为廊坊、滨州和唐山，分别为 -6.7%、-6.6% 和 -1.7%。从效费比角度看，效费比最高的三个城市分别为菏泽、沧州和济南，效费比超过 20；效费比小于 1 的城市有 5 个，分别为滨州、廊坊、唐山、长治和邯郸，其中效费比最小是滨州，仅为 0.4，即 1 单位成本投入仅能获得 0.4 单位效益。具体计算结果如表 7.7 所示。

表 7.7　京津冀及周边"2+26"城市成本效益分析　金融单位：亿元

序号	城市	总效益	总成本	净效益	净效益占比（%）	净效益/GDP（%）	效费比
1	北京	2 467.5	218.4	2 249.1	22.9	2.4	11.3
2	天津	1 593.7	207.9	1 385.7	14.1	2.7	7.7
3	石家庄	838.8	185.8	653.0	6.6	3.6	4.5
4	唐山	583.2	905.0	-321.8	-3.3	-1.7	0.6

续表

序号	城市	总效益	总成本	净效益	净效益占比（%）	净效益/GDP（%）	效费比
5	廊坊	748.5	1 362.9	-614.4	-6.2	-6.7	0.5
6	保定	558.4	76.3	482.1	4.9	5.1	7.3
7	沧州	757.2	37.1	720.1	7.3	6.5	20.4
8	衡水	485.0	37.8	447.1	4.5	9.7	12.8
9	邢台	581.7	283.0	298.6	3.0	5.0	2.1
10	邯郸	591.4	631.7	-40.3	-0.4	-0.4	0.9
11	太原	298.6	27.3	271.3	2.8	2.4	10.9
12	阳泉	78.5	46.6	31.8	0.3	1.5	1.7
13	长治	166.4	188.9	-22.5	-0.2	-0.5	0.9
14	晋城	115.4	89.4	26.0	0.3	0.7	1.3
15	济南	1 040.0	52.0	988.0	10.0	4.0	20.0
16	淄博	499.9	76.5	423.4	4.3	4.0	6.5
17	济宁	677.2	72.3	604.9	6.1	4.3	9.4
18	德州	364.5	24.7	339.8	3.5	3.6	14.8
19	聊城	373.8	104.3	269.5	2.7	3.2	3.6
20	滨州	330.2	842.5	-512.3	-5.2	-6.6	0.4
21	菏泽	465.9	21.8	444.1	4.5	4.8	21.4
22	郑州	769.1	212.7	556.4	5.7	1.8	3.6
23	开封	262.3	18.2	244.1	2.5	3.9	14.4
24	安阳	267.4	128.1	139.3	1.4	2.0	2.1
25	鹤壁	104.2	19.5	84.7	0.9	3.2	5.3
26	新乡	380.7	44.6	336.1	3.4	4.3	8.5
27	焦作	241.2	37.5	203.6	2.1	2.7	6.4
28	濮阳	182.9	30.5	152.4	1.5	3.1	6.0
	合计	15 823.3	5 983.4	9 839.9	100	2.4	2.6

第九节　本章小结

本章从清洁取暖改造、锅炉综合治理、机动车治理、压减落后产能、治理“散乱污”企业等方面对京津冀及周边地区大气污染防治政策的成本进行测算，并结合上一章对京津冀大气污染防治的效益估算数据，开展京津冀及周边地区“2+26”城市大气污染联防联控的成本效益分析。研究结果表明，2017~2019年，京津冀大气污染联防联控的总效益为1.58万亿元，成本为0.6万亿元，净效益达0.98万亿，效费比为2.6。这说明，整体而言，京津冀及周边地区大气污染防治政策是经济的。同时，本章分析了不同城市的成本和效益，研究发现，“2+26”城市中，除廊坊、滨州、唐山、邯郸和长治5个城市的净效益为负外，其余23个城市的净效益均为正，其中效费比超过10的城市有8个。

第八章　研究结论与展望

第一节　主要结论与政策建议

一、主要结论

本书的主要结论如下。

首先，基于多期双重差分模型，考察京津冀及周边地区大气污染联防联控对空气改善的效果。研究结果表明，京津冀及周边地区大气污染联防联控机制确实有助于改善空气质量，平均而言，该政策使得空气质量指数下降 -6.7，相当于样本均值的6.6%。从政策的动态效果看，当大气污染联防联控的范围从“2+4”核心城市扩展到“2+26”通道城市后，大气污染防治政策改善空气质量的效果才体现出来。从政策的异质性角度看，大气污染越严重的城市，在纳入大气污染联防联控范围后，其空气质量的改善程度越大。城市经济发展程度差异、各城市离政治中心（省会或首都）的距离在影响污染防治政策的效果方面并没有显著差异。本书还考察了两项代表性大气污染防治政策——《京津冀及周边地区秋冬季大气污染综合治理攻坚方案》《北方地区清洁取暖规划（2017—2021年）》的效果。研究发现，两项政策在政策实施期间都能够在一定程度上改善空气质量，但是空气质量的改善效果均不具有持续性。

其次，在考虑京津冀及周边地区大气污染联防联控政策的效果时，不仅要考虑大气污染防治政策对京津冀及周边地区的影响，还要考察其可能存在的外部性，即大气污染防治政策的实施可能导致污染产业向其他地区转移。本书采用省份×行业×年份以及城市×企业×年份的三维数据，考察大气污染防治行动计划的实施是否会诱发污染产业从京津冀及周边地区向其他地区转移。研究结果表明，平均而言，大气污染防治行动计划使得各行业产值京津冀及周边地区行业产值下降了7.8%，但是没有发现污染产业从京津冀及周边地区向其他地区转移的经验证据，这与大气污染防治行动计划是一项全国性的政策以及主要地区（如长三角、珠三角、汾渭平原）都先后实施大气污染联防联控机制有关，联防联控机制有效地防止了污染在区域内部和跨区域的转移。从异质性角度看，大气污染防治政策对重污染行业影响较大，重污染行业产值比例的下降幅度比平均水平高出4个百分点，政策对轻污染行业的产值影响不显著。从污染产业转移角度看，无论是轻污染行业还是重污染行业，均未发现污染跨区域转移的经验证据。此外，固定资产的规模会影响污染产业转移。中等规模固定资产净值的企业更有可能跨区域转移，而固定资产净值规模小或者非常大的企业则未发现污染产业转移的证据。

最后，本书对京津冀及周边地区大气污染防治政策的成本效益进行了估算。总效益方面，分别测算了空气质量改善带来的生理健康收益、心理健康收益和制造业企业生产效益提高收益；总成本方面，分别测算了清洁取暖改造、锅炉综合治理、淘汰黄标车和推广新能源汽车、压减落后产能、治理“散乱污”企业等主要大气污染治理措施的成本。研究发现，2017～2019年，京津冀及周边地区大气污染防治政策的总效益为1.58万亿元，成本为0.6万亿元，效费比为2.6，净效益占该地区生产总值的比重为2.4%。总效益中，健康效益（生理健康效益和心理健康效益）占比60%，空气质量改善带来的企业生产效率提高的价值占40%。总成本中，治理成本最大的措施为压减落后产能，成本达到4 209.2亿元，占比为70.3%；其次为清洁取暖改造，治理成本达606.7亿元，占比为10.1%；治理成本最少的措施是清理整治“散乱污”企业，治理成本为91.3亿元，占比为1.5%。分城市看，“2+26”城市中，除廊坊、滨州、唐山、邯郸和长治5个城市的净效益为负外，其余23个城市的净效益均为正，其中效费比超过10的城市有8个。

二、政策建议

本书的研究结论能够为政府相关部门开展大气污染防治政策的成本效益评估、进一步完善大气污染防治政策提供决策支持，具体的政策建议如下。

首先，继续推进区域大气污染联防联控。打破属地治理的环境管理模式，持续推进区域大气污染联防联控，将外部性内部化，能够有效防止地方政府在大气污染治理上的“搭便车”行为，实现区域空气质量的整体改善，并且能够有效防止污染产业的跨区域转移。中央政府有效的奖惩机制（奖励采取联防联控行动的地方政府，同时惩罚大气污染防治上不作为的政府）能够显著提高地方政府达成联防联控行动的概率。

其次，全面科学地考察大气污染防治政策改善空气质量的效果。简单地将政策实施前后空气质量的改善全部归因于大气污染防治政策可能会导致政策评估存在偏误。相关部门在评估大气污染防治政策时，应尽可能将影响空气质量变化的各种因素（政策因素和其他因素）剥离开，科学识别大气污染政策与空气质量之间的因果关系，同时将大气污染防治政策可能导致的外部性考虑在内，更加科学全面地评估大气污染防治政策的效果。

再次，扩大大气污染防治效益的评估范围，将企业生产率提升效益纳入大气污染防治政策效益评估的范畴。在评价大气污染防治政策的效益时，除了关注空气质量改善带来的健康效益外，还应对企业生产效率提升等社会经济效益给予重点关注。通过第六章的测算，京津冀及周边地区大气污染防治政策带来的企业生产率效益占总效益的40%左右，忽略该效益会大大低估大气污染防治政策的效益。

最后，在区域大气污染联防联控联治的框架下关注部分成员城市的利益诉求。通过第七章的成本效益分析，京津冀及周边地区大气污染防治政策整体上是经济的，但是个别城市的净效益为负，长远来看不利于调动这些城市持续开展大气污染联防联控的积极性。因此，中央政府应逐步建立起大气污染防治的转移支付制度，对大气污染防治净效益为负的城市给予利益补偿，充分激发各级政府主动开展大气污染防治的内生动力，确保区域大气污染联防联控政策行之有效、行稳致远。

第二节　研究展望

本书以京津冀大气污染传输通道“2+26”城市为研究对象，对京津冀及周边地区大气污染联防联控开展成本效益评估，得到一些初步的结论。不过，本书的研究仍然存在不足之处，未来可以在以下三个方面开展进一步的研究工作。

（1）进一步加强成本效益的不确定研究。一方面，加强不同健康效应货币化方法之间的比较。在大气防治政策效益评估方面，基于不同的健康效益货币化方法，测算出的健康效益存在较大差异。本书主要基于支付意愿法测算京津冀大气污染防治政策的健康效益，未来将进一步开展不同健康效益货币化方法之间的比较研究，进一步增加结论的可靠性。另一方面，加强对大气污染防治政策造成的经济损失方面的研究。目前本书主要对京津冀及周边地区大气污染防治政策的直接成本进行测算，对大气污染防治导致的国民经济损失不足，这会直接影响大气污染防治政策的经济性。未来考虑运用双重差分模型，测算大气污染防治政策导致的国民经济损失，更加全面地测度大气污染防治的经济成本（初步的测算结果显示，京津冀及周边地区大气污染联防联控造成“2+26”城市年人均GDP损失约为2 446元，相当于年GDP损失4 700亿元）；同时采用多区域投入产出模型，从部门层面，分析京津冀及周边地区大气污染防治政策的间接成本和效益。

（2）从城市层面进一步加强对净效益为负城市的研究。本书的研究发现，大气污染联防联控机制下，“2+26”城市中存在部分净效益为负的城市。针对该类城市，本书提出建立大气污染防治的转移支付制度以调动这些城市持续开展大气污染联防联控积极性的政策建议。但是，如何科学地设计大气污染防治的转移支付制度，确保区域大气污染联防联控联治的长效机制得以发挥，仍需要进一步研究。

（3）研究范围可以进一步扩展。本书以京津冀及周边地区“2+26”城市为研究对象，评估区域大气污染联防联控的成本效益。下一步可将研究范围扩展到全国城市层面，评估主要大气污染防治政策（如《大气十条》《打赢蓝天保卫战三年行动计划》）的成本效益，为相关部门进一步完善我国大气污染防治政策提供决策参考。

参考文献

[1] 包群，陈媛媛．外商投资、污染产业转移与东道国环境质量［J］．产业经济研究，2012（6）：1－9.

[2] 曹彩虹，韩立岩．雾霾带来的社会健康成本估算［J］．统计研究，2015，32（7）：19－23.

[3] 曹静，王鑫，钟笑寒．限行政策是否改善了北京市的空气质量？［J］．经济学（季刊），2014，13（2）：1091－1126.

[4] 陈强，孙丰凯，徐艳娴．冬季供暖导致雾霾？来自华北城市面板的证据［J］．南开经济研究，2017（4）：25－40.

[5] 陈硕，陈婷．空气质量与公共健康：以火电厂二氧化硫排放为例［J］．经济研究，2014，49（8）：158－169.

[6] 初钊鹏，刘昌新，朱婧．基于集体行动逻辑的京津冀雾霾合作治理演化博弈分析［J］．中国人口·资源与环境，2017，27（9）：56－65.

[7] 邓曲恒，邢春冰．对空气质量的支付意愿：基于迁移决策的计量分析［J］．劳动经济研究，2018，6（6）：23－43.

[8] 杜晓林，冯相昭，王敏，等．京津冀地区散煤综合治理成本效益分析［J］．环境与可持续发展，2018，43（6）：135－141.

[9] 高明，郭施宏，夏玲玲．大气污染府际间合作治理联盟的达成与稳定——基于演化博弈分析［J］．中国管理科学，2016，24（8）：62－70.

[10] 关杨，容冰，王依，等．中国$PM_{2.5}$暴露人群健康损失评价及区域差异分析［J］．环境污染与防治，2019，41（7）：798－802.

[11] 韩超，桑瑞聪．环境规制约束下的企业产品转换与产品质量提升［J］．中国工业经济，2018（2）：43－62.

［12］韩明霞，过孝民，张衍燊．城市大气污染的人力资本损失研究［J］．中国环境科学，2006（4）：509－512.

［13］何龙斌．国内污染密集型产业区际转移路径及引申——基于2000—2011年相关工业产品产量面板数据［J］．经济学家，2013（6）：78－86.

［14］何伟，张文杰，王淑兰，等．京津冀地区大气污染联防联控机制实施效果及完善建议［J］．环境科学研究，2019，32（10）：1696－1703.

［15］侯伟丽，方浪，刘硕．“污染避难所”在中国是否存在？——环境管制与污染密集型产业区际转移的实证研究［J］．经济评论，2013（4）：65－72.

［16］胡鹏．300MW燃煤电厂超低排放改造的技术经济性分析［J］．电工技术，2019（3）：94－95.

［17］黄德生，张世秋．京津冀地区控制$PM_{2.5}$污染的健康效益评估［J］．中国环境科学，2013，33（1）：166－174.

［18］蒋家文．空气流域管理——城市空气质量达标战略的新视角［J］．中国环境监测，2004（6）：11－15.

［19］金晓雨．环境规制与国内污染转移——基于“十一五”COD排放控制计划的考察［J］．产业经济研究，2018（6）：115－125.

［20］李莹，白墨，张巍，等．改善北京市大气环境质量中居民支付意愿的影响因素分析［J］．中国人口·资源与环境，2002（6）：125－128.

［21］李振生，贾爱国，王子恒．燃煤锅炉烟气超低排放改造经济性评价［J］．节能，2020，39（4）：137－138.

［22］林伯强，邹楚沅．发展阶段变迁与中国环境政策选择［J］．中国社会科学，2014（5）：81－95.

［23］刘泓汛，陈佳琪，李江龙．电厂排放改造和居民散煤替代的成本效益分析——以陕西省为例［J］．厦门大学学报（哲学社会科学版），2019（6）：107－121.

［24］卢亚灵，周佳，程曦，等．京津冀地区黄标车政策的总量减排效益评估［J］．环境科学，2018，39（6）：2566－2575.

［25］吕铃钥，李洪远．京津冀地区PM_{10}和$PM_{2.5}$污染的健康经济学评价［J］．南开大学学报（自然科学版），2016，49（1）：69－77.

[26] 马国霞，周颖，吴春生，等．成渝地区《大气污染防治行动计划》实施的成本效益评估 [J]．中国环境管理，2019，11 (6)：38 - 43.

[27] 彭菲，於方，马国霞，等．“2 + 26”城市“散乱污”企业的社会经济效益和环境治理成本评估 [J]．环境科学研究，2018，31 (12)：1993 - 1999.

[28] 邵帅，李欣，曹建华，等．中国雾霾污染治理的经济政策选择——基于空间溢出效应的视角 [J]．经济研究，2016，51 (9)：73 - 88.

[29] 沈坤荣，金刚，方娴．环境规制引起了污染就近转移吗？[J]．经济研究，2017，52 (5)：44 - 59.

[30] 沈坤荣，周力．地方政府竞争、垂直型环境规制与污染回流效应 [J]．经济研究，2020，55 (3)：35 - 49.

[31] 石光，周黎安，郑世林，等．环境补贴与污染治理——基于电力行业的实证研究 [J]．经济学（季刊），2016，15 (4)：1439 - 1462.

[32] 石庆玲，郭峰，陈诗一．雾霾治理中的“政治性蓝天”——来自中国地方“两会”的证据 [J]．中国工业经济，2016 (5)：40 - 56.

[33] 史丹，李少林．京津冀绿色协同发展效果研究——基于“煤改气、电”政策实施的准自然实验 [J]．经济与管理研究，2018，39 (11)：64 - 77.

[34] 王金南，宁淼，孙亚梅．区域大气污染联防联控的理论与方法分析 [J]．环境与可持续发展，2012，37 (5)：5 - 10.

[35] 王恰，郑世林．“2 + 26”城市联合防治行动对京津冀地区大气污染物浓度的影响 [J]．中国人口·资源与环境，2019，29 (9)：51 - 62.

[36] 王振波，梁龙武，林雄斌，等．京津冀城市群空气污染的模式总结与治理效果评估 [J]．环境科学，2017，38 (10)：4005 - 4014.

[37] 吴庆梅，刘卓，张胜军，等．外来源影响北京地区空气质量的典型个例分析 [J]．气象与环境学报，2016，32 (5)：25 - 31.

[38] 谢伦裕，常亦欣，蓝艳．北京清洁取暖政策实施效果及成本收益量化分析 [J]．中国环境管理，2019，11 (3)：87 - 93.

[39] 徐敏燕，左和平．集聚效应下环境规制与产业竞争力关系研究——基于“波特假说”的再检验 [J]．中国工业经济，2013 (3)：72 - 84.

［40］闫祯，金玲，陈潇君，等．京津冀地区居民采暖“煤改电”的大气污染物减排潜力与健康效益评估［J］．环境科学研究，2019，32（1）：95－103.

［41］曾贤刚，阮芳芳，彭彦彦．基于空间网格尺度的中国 $PM_{2.5}$ 污染健康效应空间分布［J］．中国环境科学，2019，39（6）：2624－2632.

［42］曾贤刚，谢芳，宗佺．降低 $PM_{2.5}$ 健康风险的行为选择及支付意愿——以北京市居民为例［J］．中国人口·资源与环境，2015，25（1）：127－133.

［43］张彩云，郭艳青．污染产业转移能够实现经济和环境双赢吗？——基于环境规制视角的研究［J］．财经研究，2015，41（10）：96－108.

［44］张翔，戴瀚程，靳雅娜，等．京津冀居民生活用煤“煤改电”政策的健康与经济效益评估［J］．北京大学学报（自然科学版），2019，55（2）：367－376.

［45］赵东阳，靳雅娜，张世秋．燃煤电厂污染减排成本有效性分析及超低排放政策讨论［J］．中国环境科学，2016，36（9）：2841－2848.

［46］赵晓丽，范春阳，王予希．基于修正人力资本法的北京市空气污染物健康损失评价［J］．中国人口·资源与环境，2014，24（3）：169－176.

［47］周浩，郑越．环境规制对产业转移的影响——来自新建制造业企业选址的证据［J］．南方经济，2015（4）：12－26.

［48］周伟铎，庄贵阳，关大博．雾霾协同治理的成本分担研究进展及展望［J］．生态经济，2018，34（3）：147－155.

［49］朱平芳，张征宇，姜国麟．FDI 与环境规制：基于地方分权视角的实证研究［J］．经济研究，2011，46（6）：133－145.

［50］Abbasi-kangevari M，Malekpour M-R，Masinaei M，et al. Effect of air pollution on disease burden，mortality，and life expectancy in North Africa and the Middle East：a systematic analysis for the Global Burden of Disease Study 2019［J］. The Lancet Planetary Health，2023，7（5）：358－369.

［51］Adhvaryu A，Kala N，Nyshadham A. Management and shocks to worker productivity [R]. NBER Working Paper, 2019.

[52] Agarwal S, Foo sing T, Yang Y. The impact of transboundary haze pollution on household utilities consumption [J]. Energy Economics, 2020, 85: 104591.

[53] Ahmed S M, Mishra G D, Moss K M, et al. Maternal and Childhood Ambient Air Pollution Exposure and Mental Health Symptoms and Psychomotor Development in Children: An Australian Population-Based Longitudinal Study [J]. Environment International, 2022, 158: 107003.

[54] Altieri K E, Keen S L. Public health benefits of reducing exposure to ambient fine particulate matter in South Africa [J]. Science of the Total Environment, 2019, 684: 610 -620.

[55] Arceo E, Hanna R, Oliva P. Does the effect of pollution on infant mortality differ between developing and developed countries? Evidence from Mexico city [J]. Economic Journal, 2016, 126 (591): 257 -280.

[56] Archsmith J, Heyes A, Saberian S. Air quality and error quantity: Pollution and performance in a high-skilled, quality-focused occupation [J]. Journal of the Association of Environmental and Resource Economists, 2018, 5 (4): 827 -863.

[57] Austin W, Carattini S, Gomez-mahecha J, et al. The effects of contemporaneous air pollution on COVID-19 morbidity and mortality [J]. Journal of Environmental Economics and Management, 2023, 119: 102815.

[58] Banzhaf H S, Walsh R P. Do people vote with their feet? An empirical test of Tiebout [J]. American Economic Review, 2008, 98 (3): 843 -863.

[59] Barwick P J, Li S, Rao D, et al. The morbidity cost of air pollution: Evidence from consumer spending in China [R]. NBER Working Papers, 2018.

[60] Bayat R, Ashrafi K, Motlagh M S, et al. Health impact and related cost of ambient air pollution in Tehran [J]. Environmental Research, 2019, 176.

[61] Bayer P, Keohane N, Timmins C. Migration and hedonic valuation:

The case of air quality [J]. Journal of Environmental Economics and Management, 2009, 58 (1): 1-14.

[62] Becker R, Henderson V. Effects of air quality regulations on polluting industries [J]. Journal of Political Economy, 2000, 108 (2): 379.

[63] Bergmann S, Li B, Pilot E, et al. Effect modification of the short-term effects of air pollution on morbidity by season: A systematic review and meta-analysis [J]. Science of The Total Environment, 2020, 716: 136985.

[64] Bishop K C, Ketcham J, Kuminoff N. Hazed and confused: The effect of air pollution on dementia [R]. NBER Working Paper, 2017.

[65] Bombardini M, Li B. Trade, pollution and mortality in China [J]. Journal of International Economics, 2020, 125: 103321.

[66] Boulanger G, Bayeux T, Mandin C, et al. Socio-economic costs of indoor air pollution: A tentative estimation for some pollutants of health interest in France [J]. Environment international, 2017, 104: 14-24.

[67] Broome R A, Fann N, Cristina T J N, et al. The health benefits of reducing air pollution in Sydney, Australia [J]. Environmental Research, 2015, 143: 19-25.

[68] Burkhardt J, Bayham J, Wilson A, et al. The effect of pollution on crime: Evidence from data on particulate matter and ozone [J]. Journal of Environmental Economics and Management, 2019, 98.

[69] Cai H, Chen Y, Gong Q. Polluting thy neighbor: Unintended consequences of China's pollution reduction mandates [J]. Journal of Environmental Economics and Management, 2016, 76: 86-104.

[70] Chang T Y, Huang W, Wang Y. Something in the air: Pollution and the demand for health insurance [J]. Review of Economic Studies, 2018, 85 (3): 1609-1634.

[71] Chang T Y, Zivin J G, Gross T, et al. The effect of pollution on worker productivity: Evidence from call center workers in China [J]. American Economic Journal-Applied Economics, 2019, 11 (1): 151-172.

[72] Chang T, Zivin J G, Gross T, et al. Particulate pollution and the productivity of pear packers [J]. American Economic Journal-Economic Policy, 2016, 8 (3): 141-169.

[73] Charles K K, Decicca P. Local labor market fluctuations and health: Is there a connection and for whom? [J]. Journal of Health Economics, 2008, 27 (6): 1532-1550.

[74] Chay K Y, Greenstone M. Does air quality matter? Evidence from the housing market [J]. Journal of Political Economy, 2005, 113 (2): 376-424.

[75] Chay K Y, Michael G. The impact of air pollution on infant mortality: Evidence from geographic variation in pollution shocks induced by a recession [J]. Quarterly Journal of Economics, 2003, (3): 1121-1167.

[76] Chen B, Song Y, Jiang T, et al. Real-time estimation of population exposure to $PM_{2.5}$ using mobile-and station-based big data [J]. International journal of environmental research and public health, 2018, 15 (4).

[77] Chen F, Chen Z. Air pollution and avoidance behavior: A perspective from the demand for medical insurance [J]. Journal of Cleaner Production, 2020, 259: 120970.

[78] Chen F, Zhang X, Chen Z. Air pollution and mental health: Evidence from China Health and Nutrition Survey [J]. Journal of Asian Economics, 2023, 86: 101611.

[79] Chen K, Metcalfe S E, Yu H et al. Characteristics and source attribution of $PM_{2.5}$ during 2016 G20 Summit in Hangzhou: Efficacy of radical measures to reduce source emissions [J]. Journal of Environmental Sciences, 2021, 106: 47-65.

[80] Chen S, Guo C, Huang X. Air pollution, student health, and school absences: Evidence from China [J]. Journal of Environmental Economics and Management, 2018, 92: 465-497.

[81] Chen S, Oliva P, Zhang P. Air pollution and mental health: Evidence from China [R]. NBER Working Paper, 2018.

[82] Chen S, Oliva P, Zhang P. The effect of air pollution on migration: Evidence from China [R]. NBER Working Paper, 2017.

[83] Chen Y, Ebenstein A, Greenstone M, et al. Evidence on the impact of sustained exposure to air pollution on life expectancy from China's Huai River Policy [J]. Proceedings of the National Academy of Sciences, 2013, 110 (32): 12936 - 12941.

[84] Chen Z, Kahn M E, Liu Y, et al. The consequences of spatially differentiated water pollution regulation in China [J]. Journal of Environmental Economics and Management, 2018, 88: 468 - 485.

[85] Chen Z, Tan Y, Xu J. Economic and environmental impacts of the coal-to-gas policy on households: Evidence from China [J]. Journal of Cleaner Production, 2022, 341: 130608.

[86] Cheung C W, He G, Pan Y. Mitigating the air pollution effect? The remarkable decline in the pollution-mortality relationship in Hong Kong [J]. Journal of Environmental Economics and Management, 2020, 101: 102316.

[87] Cohen A J, Brauer M, Burnett R, et al. Estimates and 25-year trends of the global burden of disease attributable to ambient air pollution: an analysis of data from the Global Burden of Diseases Study 2015 [J]. The Lancet, 2017, 389 (10082): 1907 - 1918.

[88] Condliffe S, Morgan O A. The effects of air quality regulations on the location decisions of pollution-intensive manufacturing plants [J]. Journal of Regulatory Economics, 2009, 36 (1): 83 - 93.

[89] Copeland B R, Taylor S M. Trade, growth, and the environment [J]. Journal of Economic Literature, 2004, 42 (1): 7 - 71.

[90] Cui C, Wang Z, He P, et al. Escaping from pollution: the effect of air quality on inter-city population mobility in China [J]. Environmental Research Letters, 2019, 14 (12).

[91] Currie J, Davis L, Greenstone M, et al. Environmental health risks and housing values: Evidence from 1, 600 toxic plant openings and closings [J]. American Economic Review, 2015, 105 (2): 678 - 709.

[92] Currie J, Hanushek E A, Kahn E M, et al. Does pollution increase school absences? [J]. The Review of Economics Statistics, 2009, 91 (4): 682 - 694.

[93] Currie J, Neidell M, Schmieder J F. Air pollution and infant health: Lessons from New Jersey [J]. Journal of Health Economics, 2009, 28 (3): 688 - 703.

[94] Currie J, Neidell M. Air pollution and infant health: What can we learn from California's recent experience [J]. The Quarterly Journal of Economics, 2005, 120 (3): 1003 - 1030.

[95] Currie J, Walker R. Traffic congestion and infant health: Evidence from E-Zpass [J]. American Economic Journal: Applied Economics, 2011, 3 (1): 65 - 90.

[96] Davis L W. The effect of driving restrictions on air quality in Mexico city [J]. Journal of Political Economy, 2008, 116 (1): 38 - 81.

[97] Davis L W. The effect of power plants on local housing values and rents [J]. Review of Economics Statistics, 2011, 93 (4): 1391 - 1402.

[98] Dean J M, Lovely M E, Wang H. Are foreign investors attracted to weak environmental regulations? Evaluating the evidence from China [J]. Journal of Development Economics, 2009, 90 (1): 1 - 13.

[99] Dedoussi I C, Eastham S D, Monier E, et al. Premature mortality related to United States cross-state air pollution [J]. Nature, 2020, 578 (7794): 261.

[100] Deryugina T, Heutel G, Miller N H, et al. The mortality and medical costs of air pollution: Evidence from changes in wind direction [J]. American Economic Review, 2019, 109 (12): 4178 - 4219.

[101] Deschenes O, Greenstone M, Shapiro J S. Defensive investments and the demand for air quality: Evidence from the NOx Budget Program [J]. American Economic Review, 2017, 107 (10): 2958 - 2989.

[102] Dong H, Dai H, Dong L, et al. Pursuing air pollutant co-benefits of CO2 mitigation in China: A provincial leveled analysis [J]. Applied Energy,

2015, 144: 165 -74.

[103] Dong R, Fisman R, Wang Y, et al. Air pollution, affect, and forecasting bias: Evidence from Chinese financial analysts [J]. Journal of Financial Economics, 2021, 139 (3): 971 -984.

[104] Duvivier C, Xiong H. Transboundary pollution in China: A study of polluting firms' location choices in Hebei province [J]. Environment and Development Economics, 2013, 18 (4): 459 -483.

[105] Ebenstein A, Fan M, Greenstone M, et al. New evidence on the impact of sustained exposure to air pollution on life expectancy from China's Huai River Policy [J]. Proceedings of the National Academy of Sciences, 2017, 114 (39): 10384 -10389.

[106] Epa. The benefits and costs of the Clean Air Act from 1990 to 2020 [R]. U. S. Environmental Protection Agency Office of Air and Radiation, 2011.

[107] Eskeland G S, Harrison A E. Moving to greener pastures? Multinationals and the pollution haven hypothesis [J]. Journal of Development Economics, 2003, 70 (1): 1 -23.

[108] Fan M, He G, Zhou M. The winter choke: Coal-fired heating, air pollution, and mortality in China [J]. Journal of Health Economics, 2020, 71: 102316.

[109] Fang D, Chen B, Hubacek K, et al. Clean air for some: Unintended spillover effects of regional air pollution policies [J]. Science Advances, 2019, 5 (4).

[110] Fang X, Zhu X, Li X, et al. Assessing the effects of short-term traffic restriction policies on traffic-related air pollutants [J]. Science of The Total Environment, 2023, 867: 161451.

[111] Fell H, Maniloff P. Leakage in regional environmental policy: The case of the regional greenhouse gas initiative [J]. Journal of Environmental Economics and Management, 2018, 87: 1 -23.

[112] Feng T, Du H, Lin Z, et al. Spatial spillover effects of environmental regulations on air pollution: Evidence from urban agglomerations in China

[J]. Journal of Environmental Management, 2020, 272: 110998.

[113] Feng Y, Chen H, Chen Z, et al. Has environmental information disclosure eased the economic inhibition of air pollution? [J]. Journal of Cleaner Production, 2021, 284: 125412.

[114] Font-ribera L, Rico M, Marí-dell' Olmo M, et al. Estimating ambient air pollution mortality and disease burden and its economic cost in Barcelona [J]. Environmental Research, 2023, 216: 114485.

[115] Freeman R, Liang W, Song R, et al. Willingness to pay for clean air in China [J]. Journal of Environmental Economics and Management, 2019, 94: 188 –216.

[116] Friedman D. Evolutionary game in economics [J]. Econometrica, 1991, 59 (3): 637 –666.

[117] Fu S, Viard V B, Zhang P. Air pollution and manufacturing firm productivity: Nationwide estimates for China [R]. Working Paper, 2021.

[118] Fu S, Viard V B, Zhang P. Trans-boundary air pollution spillovers: Physical transport and economic costs by distance [J]. Journal of Development Economics, 2022, 155: 102808.

[119] Gardner J, Oswald A J. Money and mental wellbeing: A longitudinal study of medium-sized lottery wins [J]. Journal of Health Economics, 2007, 26 (1): 49 –60.

[120] Ghanem D, Zhang J. 'Effortless Perfection: ' Do Chinese cities manipulate air pollution data? [J]. Journal of Environmental Economics and Management, 2014, 68 (2): 203 –225.

[121] Giaccherini M, Kopinska J, Palma A. When particulate matter strikes cities: Social disparities and health costs of air pollution [J]. Journal of Health Economics, 2021, 78: 102478.

[122] Gomm S, Bernauer T. Are actual and perceived environmental conditions associated with variation in mental health? [J]. Environmental Research, 2023, 223: 115398.

[123] Graff Z J, Neidell M. The impact of pollution on worker productivity

[J]. American Economic Review, 2012, 102 (7): 3652 -3673.

[124] Greenstone M, Gallagher J. Does hazardous waste matter? Evidence from the housing market and the superfund program [J]. The Quarterly Journal of Economics, 2008, 123 (3): 951 -1003.

[125] Greenstone M, HE G, LI S, et al. China's war on pollution: Evidence from the first five years [R]. NBER Working Paper, 2021.

[126] Greenstone M. The impacts of environmental regulations on industrial activity: Evidence from the 1970 and 1977 Clean Air Act Amendments and the Census of manufactures [J]. Journal of Political Economy, 2002, 110 (6): 1175 -1219.

[127] Guo X, Zhao L, Chen D, et al. Air quality improvement and health benefit of $PM_{2.5}$ reduction from the coal cap policy in the Beijing-Tianjin-Hebei (BTH) region, China [J]. Environmental Science Pollution Research, 2018, 25 (32): 32709 -32720.

[128] Han Y, Lam J C K, Li V O K, et al. A Bayesian LSTM model to evaluate the effects of air pollution control regulations in Beijing, China [J]. Environmental Science & Policy, 2021, 115: 26 -34.

[129] Hanna R, Oliva P. The effect of pollution on labor supply: Evidence from a natural experiment in Mexico City [J]. Journal of Public Economics, 2015, 122: 68 -79.

[130] He G, Fan M, Zhou M. The effect of air pollution on mortality in China: Evidence from the 2008 Beijing Olympic Games [J]. Journal of Environmental Economics and Management, 2016, 79: 18 -39.

[131] He G, Liu T, Zhou M. Straw burning, $PM_{2.5}$, and death: Evidence from China [J]. Journal of Development Economics, 2020, 145: 102468.

[132] He J, Liu H, Salvo A. Severe air pollution and labor productivity: Evidence from industrial towns in China [J]. American Economic Journal-Applied Economics, 2019, 11 (1): 173 -201.

[133] Heft-neal S, Burney J, Bendavid E, et al. Robust relationship between air quality and infant mortality in Africa [J]. Nature, 2018, 559 (7713):

254 – 258.

[134] Hering L, Poncet S. Environmental policy and exports: Evidence from Chinese cities [J]. Journal of Environmental Economics and Management, 2014, 68 (2): 296 – 318.

[135] Huang J, Pan X, Guo X, et al. Health impact of China's Air Pollution Prevention and Control Action Plan: an analysis of national air quality monitoring and mortality data [J]. The Lancet Planetary Health, 2018, 2 (7): e313 – e323.

[136] Huang J, Xu N, Yu H. Pollution and Performance: Do Investors Make Worse Trades on Hazy Days? [J]. Management Science, 2020, 66 (10): 4455 – 4476.

[137] Isen A, Rossin-slater M, Walker W R. Every breath you take-Every dollar You'll make: The long-term consequences of the Clean Air Act of 1970 [J]. Journal of Political Economy, 2017, 125 (3): 848 – 902.

[138] Ito K, Zhang S. Willingness to pay for clean air: Evidence from air purifier markets in China [J]. Journal of Political Economy, 2020, 128 (5): 1627 – 1672.

[139] Jaffe A B, Peterson S R, Portney P R, et al. Environmental regulation and the competitiveness of US manufacturing: What does the evidence tell us? [J]. Journal of Economic Literature, 1994, 98 (4): 853 – 873.

[140] Jeuland M, Pattanayak S K, Bluffstone R. The economics of household air pollution [J]. Annual Review of Resource Economics, 2015, 7 (1): 81 – 108.

[141] Jia R, KU H. Is China's pollution the culprit for the choking of South Korea? Evidence from the Asian dust [J]. The Economic Journal, 2019, 129 (624): 3154 – 3188.

[142] Jiang N, Jiang W, Zhang J, et al. Can national urban agglomeration construction reduce $PM_{2.5}$ pollution? Evidence from a quasi-natural experiment in China [J]. Urban Climate, 2022, 46: 101302.

[143] Jin Y, Andersson H, Zhang S. China's cap on coal and the efficien-

cy of local interventions: A benefit-cost analysis of phasing out coal in power plants and in households in Beijing [J]. Journal of Benefit-Cost Analysis, 2017, 8 (2): 147-186.

[144] Jin Y, Andersson H, Zhang S. Do preferences to reduce health risks related to air pollution depend on illness type? Evidence from a choice experiment in Beijing, China [J]. Journal of Environmental Economics and Management, 2020, 103: 102355.

[145] Kahn M E, Li P. The effect of pollution and heat on high skill public sector worker productivity in China [R]. NBER Working Paper, 2019.

[146] Kanada M, Dong L, Fujita T, et al. Regional disparity and cost-effective SO2 pollution control in China: A case study in 5 mega-cities [J]. Energy Policy, 2013, 61: 1322-1331.

[147] Kanner J, Pollack A Z, Ranasinghe S, et al. Chronic exposure to air pollution and risk of mental health disorders complicating pregnancy [J]. Environmental Research, 2021, 196: 110937.

[148] Kellenberg D K. An empirical investigation of the pollution haven effect with strategic environment and trade policy [J]. Journal of International Economics, 2009, 78 (2): 242-255.

[149] Keller W, Levinson A. Pollution abatement costs and foreign direct investment inflows to U. S. States [J]. Review of Economics and Statistics, 2002, 84 (4): 691-703.

[150] Khomenko S, Pisoni E, Thunis P, et al. Spatial and sector-specific contributions of emissions to ambient air pollution and mortality in European cities: a health impact assessment [J]. The Lancet Public Health, 2023, 8 (7): 546-558.

[151] Kim S E, Xie Y, Dai H, et al. Air quality co-benefits from climate mitigation for human health in South Korea [J]. Environment International, 2020, 136: 105507.

[152] Knittel C R, Miller D L, Sanders N J. Caution, drivers! Children present: Traffic, pollution, and infant health [J]. Review of Economics and

Statistics, 2011, 98 (2): 350 – 366.

[153] Landrigan P, Fuller R, Acosta N J R, et al. The Lancet Commission on pollution and health [J]. The Lancet, 2018, 391 (10119): 462 – 512.

[154] Levinson A. Environmental regulations and manufacturers' location choices: Evidence from the Census of Manufactures [J]. Journal of Public Economics, 1996, 62 (1): 5 – 29.

[155] Li N, Zhang X, Shi M, et al. Does China's air pollution abatement policy matter? An assessment of the Beijing-Tianjin-Hebei region based on a multi-regional CGE model [J]. Energy Policy, 2019, 127: 213 – 227.

[156] Li X, Xue W, Wang K, et al. Environmental regulation and synergistic effects of $PM_{2.5}$ control in China [J]. Journal of Cleaner Production, 2022, 337: 130438.

[157] Li X, Zhou Y M. Offshoring Pollution while Offshoring Production? [J]. Strategic Management Journal, 2017, 38 (11): 2310 – 2329.

[158] Liang J, Langbein L. Performance management, high-powered incentives, and environmental policies in China [J]. International Public Management Journal, 2015, 18 (3): 346 – 385.

[159] Liao H, Murithi R G, Lu C, et al. Long-term exposure to traffic-related air pollution and temperature increases gynecological cancers [J]. Building and Environment, 2023, 230: 109989.

[160] Lin H, Liu T, Fang F, et al. Mortality benefits of vigorous air quality improvement interventions during the periods of APEC Blue and Parade Blue in Beijing, China [J]. Environmental Pollution, 2017, 220: 222 – 227.

[161] List J A, Mchone W W, Millimet D L. Effects of environmental regulation on foreign and domestic plant births: is there a home field advantage? [J]. Journal of Urban Economics, 2004, 56 (2): 303 – 326.

[162] List J A, Millimet D L, Fredriksson P G, et al. Effects of environmental regulations on manufacturing plant births: Evidence from a propensity score matching estimator [J]. Review of Economics and Statistics, 2003, 85

(4): 944 -952.

[163] Liu W, Du C, Chu X, et al. "Inverted quarantine" in the face of environmental change: Initiative defensive behaviors against air pollution in China [J]. Sustainable Production and Consumption, 2021, 26: 493 -503.

[164] Liu X, Guo C, Wu Y, et al. Evaluating cost and benefit of air pollution control policies in China: A systematic review [J]. Journal of Environmental Sciences, 2023, 123: 140 -55.

[165] Liu Y, Yan Z, Dong C. Health implications of improved air quality from Beijing's driving restriction policy [J]. Environmental Pollution, 2016, 219: 323 -328.

[166] Liu Z, Yu L. Stay or Leave? The Role of Air Pollution in Urban Migration Choices [J]. Ecological Economics, 2020, 177: 106780.

[167] Lu F, Xu D, Cheng Y, et al. Systematic review and meta-analysis of the adverse health effects of ambient $PM_{2.5}$ and PM_{10} pollution in the Chinese population [J]. Environmental Research, 2015, 136: 196 -204.

[168] Lu J G. Air pollution: A systematic review of its psychological, economic, and social effects [J]. Current Opinion in Psychology, 2020, 32: 52 -65.

[169] Lu J, Chen F, Cai S. Air pollution monitoring and avoidance behavior: Evidence from the health insurance market [J]. Journal of Cleaner Production, 2023, 414: 137780.

[170] Lu X, Yao T, Fung J C H, et al. Estimation of health and economic costs of air pollution over the Pearl River Delta region in China [J]. Science of the Total Environment, 2016, 566 -567: 134 -143.

[171] Luben T J, Wilkie A A, Krajewski A K, et al. Short-term exposure to air pollution and infant mortality: A systematic review and meta-analysis [J]. Science of The Total Environment, 2023, 898: 165522.

[172] Ma S, Li X, Li D, et al. Does air pollution induce international migration? New evidence from Chinese residents [J]. Economic Modelling, 2023, 120: 106176.

[173] Ma X, Li C, Dong X, Liao H. Empirical analysis on the effectiveness of air quality control measures during mega events: Evidence from Beijing, China [J]. Journal of Cleaner Production, 2020, 271: 122536.

[174] Matus K, Nam K-M, Selin N E, et al. Health damages from air pollution in China [J]. Global Environmental Change, 2012, 22 (1): 55 –66.

[175] Mcgartland A, Revesz R, Axelrad D A, et al. Estimating the health benefits of environmental regulations [J]. Science, 2017, 357 (6350): 457 – 458.

[176] Mehta A J, Kubzansky L D, Coull B A, et al. Associations between air pollution and perceived stress: the Veterans Administration Normative Aging Study [J]. Environmental Health, 2015, 14.

[177] Mitchell G, Norman P, Mullin K. Who benefits from environmental policy? An environmental justice analysis of air quality change in Britain, 2001 – 2011 [J]. Environmental Research Letters, 2015, 10 (10): 105009.

[178] Mohankumar S M J, Campbell A, Block M, et al. Particulate matter, oxidative stress and neurotoxicity [J]. NeuroToxicology, 2008, 29 (3): 479 –488.

[179] Moon H, Yoo S-H, Huh S-Y. Monetary valuation of air quality improvement with the stated preference technique: A multi-pollutant perspective [J]. Science of The Total Environment, 2021, 793: 148604.

[180] Moretti E, Neidell M. Pollution, health, and avoidance behavior: Evidence from the ports of Los Angeles [J]. Journal of human Resources, 2011, 46 (1): 154 –175.

[181] Muehlenbachs L, Spiller E, Timmins C. The housing market impacts of shale gas development [J]. American Economic Review, 2015, 105 (12): 3633 –3659.

[182] Muller N Z. The design of optimal climate policy with air pollution co-benefits [J]. Resource and Energy Economics, 2012, 34 (4): 696 –722.

[183] Murray C J, Aravkin A Y, Zheng P, et al. Global burden of 87 risk factors in 204 countries and territories, 1990 –2019: a systematic analysis for the

Global Burden of Disease Study 2019 [J]. The Lancet, 2020, 396 (10258): 1223 - 1249.

[184] Neidell M J. Air pollution, health, and socio-economic status: The effect of outdoor air quality on childhood asthma [J]. Journal of Health Economics, 2004, 23 (6): 1209 - 1236.

[185] Neidell M. Information, avoidance behavior, and health: The effect of ozone on asthma hospitalizations [J]. Journal of human Resources, 2009, 44 (2): 450 - 478.

[186] OECD. Mortality risk valuation in environment, health and transport policies: OECD Publishing; 2012.

[187] Phillips M R, Zhang J, Shi Q, et al. Prevalence, treatment, and associated disability of mental disorders in four provinces in China during 2001-05: an epidemiological survey [J]. The Lancet, 2009, 373 (9680): 2041 - 2053.

[188] Pope C A, Burnett R T, Turner M C, et al. Lung cancer and cardiovascular disease mortality associated with ambient air pollution and cigarette smoke: Shape of the exposure-response relationships [J]. Environmental Health Perspectives, 2011, 119 (11): 1616 - 1621.

[189] Pope I C A, Richard T, Michael J, et al. Lung cancer, cardiopulmonary mortality, and long-term exposure to fine particulate air pollution [J]. Journal of the American Medical Association, 2002, 287 (9): 1132.

[190] Power M C, Kioumourtzoglou M-A, Hart J E, et al. The relation between past exposure to fine particulate air pollution and prevalent anxiety: Observational cohort study [J]. Bmj-British Medical Journal, 2015, 350.

[191] Pu Y, Song J, Dong L, et al. Estimating mitigation potential and cost for air pollutants of China's thermal power generation: A GAINS-China model-based spatial analysis [J]. Journal of Cleaner Production, 2019, 211: 749 - 764.

[192] Pun V C, Manjourides J, Suh H. Association of ambient air pollution with depressive and anxiety symptoms in older adults: Results from the NSHAP

study [J]. Environmental Health Perspectives, 2017, 125 (3): 342 -348.

[193] Qin Y, Zhu H. Run away? Air pollution and emigration interests in China [J]. Journal of Population Economics, 2018, 31 (1): 235 -266.

[194] Rezazadeh A A, Alizadeh S, AVAMI A, et al. Integrated analysis of energy-pollution-health nexus for sustainable energy planning [J]. Journal of Cleaner Production, 2022, 356: 131824.

[195] Rich D Q, Kipen H M, Huang W, et al. Association between changes in air pollution levels during the Beijing Olympics and biomarkers of inflammation and thrombosis in healthy young adults [J]. JAMA, 2012, 307 (19): 2068 -2078.

[196] Rive N. Climate policy in Western Europe and avoided costs of air pollution control [J]. Economic Modelling, 2010, 27 (1): 103 -15.

[197] Rodriguez-rey D, Guevara M, Linares P, et al. To what extent the traffic restriction policies applied in Barcelona city can improve its air quality? [J]. Science of The Total Environment, 2022, 807 (2): 150743.

[198] Salvo A, Geiger F M. Reduction in local ozone levels in urban Sao Paulo due to a shift from ethanol to gasoline use [J]. Nature Geoscience, 2014, 7 (6): 450 -458.

[199] Sankar A, Coggins J S, Goodkind A L. Effectiveness of air pollution standards in reducing mortality in India [J]. Resource and Energy Economics, 2020, 62: 101188.

[200] Schlenker W, Walker W R. Airports, air pollution, and contemporaneous health [J]. Review of Economic Studies, 2016, 83 (2): 768 -809.

[201] Shen Y D, Ahlers A L. Blue sky fabrication in China: Science-policy integration in air pollution regulation campaigns for mega-events [J]. Environmental Science & Policy, 2019, 94: 135 -142.

[202] Shi Y, Huang C, Huang C, et al. The impact of emission reduction policies on the results of $PM_{2.5}$ emission sources during the 2016 G20 summit: Insights from carbon and nitrogen isotopic signatures [J]. Atmospheric Pollution

Research, 2023, 14 (6): 101784.

[203] Shu Y, Hu J, Zhang S, et al. Analysis of the air pollution reduction and climate change mitigation effects of the Three-Year Action Plan for Blue Skies on the "2 + 26" Cities in China [J]. Journal of Environmental Management, 2022, 317: 115455.

[204] Song Y, Li Z, Yang T, et al. Does the expansion of the joint prevention and control area improve the air quality? —Evidence from China's Jing-Jin-Ji region and surrounding areas [J]. Science of the Total Environment, 2020, 706: 136034.

[205] Sorensen M, Daneshvar B, Hansen M, et al. Personal $PM_{2.5}$ exposure and markers of oxidative stress in blood [J]. Environmental Health Perspectives, 2003, 111 (2): 161 - 165.

[206] Spitzer C, Gläser S, Grabe H J, et al. Mental health problems, obstructive lung disease and lung function: Findings from the general population [J]. Journal of Psychosomatic Research, 2011, 71 (3): 174 - 179.

[207] Sun C, Kahn M E, Zheng S. Self-protection investment exacerbates air pollution exposure inequality in urban China [J]. Ecological Economics, 2017, 131: 468 - 474.

[208] Tanaka S. Environmental regulations on air pollution in China and their impact on infant mortality [J]. Journal of Health Economics, 2015, 42: 90 - 103.

[209] Tessum C W, Apte J S, Goodkind A L, et al. Inequity in consumption of goods and services adds to racial-ethnic disparities in air pollution exposure [J]. Proceedings of the National Academy of Sciences, 2019, 116 (13): 6001 - 6006.

[210] Train K E. Discrete choice methods with simulation [M]: Cambridge university press, 2009.

[211] Viard V B, Fu S. The effect of Beijing's driving restrictions on pollution and economic activity [J]. Journal of Public Economics, 2015, 125:

98 – 115.

[212] Vijay S, Decarolis J F, Srivastava R K. A bottom-up method to develop pollution abatement cost curves for coal-fired utility boilers [J]. Energy Policy, 2010, 38 (5): 2255 –2261.

[213] Viscusi W K, Magat W A, Huber J. Pricing environmental health risks: Survey assessments of risk-risk and risk-dollar trade-offs for chronic bronchitis [J]. Journal of Environmental Economics and Management, 1991, 21 (1): 32 –51.

[214] Wang G, Gu S, Chen J, et al. Assessment of health and economic effects by $PM_{2.5}$ pollution in Beijing: a combined exposure-response and computable general equilibrium analysis [J]. Environmental Technology, 2016, 37 (24): 3131 –3138.

[215] Wang H, Zhang Y, Zhao H, et al. Trade-driven relocation of air pollution and health impacts in China [J]. Nature Communications, 2017, 8 (1): 1 –7.

[216] Wang H, Zhao L, Xie Y, et al. "APEC blue" —The effects and implications of joint pollution prevention and control program [J]. Science of the Total Environment, 2016, 553: 429 –438.

[217] Wang K L, Yin H C, Chen Y W. The effect of environmental regulation on air quality: A study of new ambient air quality standards in China [J]. Journal of Cleaner Production, 2019, 215: 268 –279.

[218] Wei X, Xu J, Kuang Y. How does air pollution affect household energy expenditure: A micro-empirical study based on avoidance behavior [J]. Journal of Environmental Management, 2023, 340: 117931.

[219] Wheeler D. Racing to the bottom? Foreign investment and air pollution in developing countries [J]. Journal of Environment and Development, 2001, 10 (3): 225 –245.

[220] Williams A M, Phaneuf D J. The impact of air pollution on medical expenditures: Evidence from spending on chronic respiratory conditions [R]. Working Paper, 2016.

[221] Williams A M, Phaneuf D J. The morbidity costs of air pollution: Evidence from spending on chronic respiratory conditions [J]. Environmental & Resource Economics, 2019, 74 (2): 571 -603.

[222] Wu D, Xie Y, Liu D. Rethinking the complex effects of the clean energy transition on air pollution abatement: Evidence from China's coal-to-gas policy [J]. Energy, 2023, 283: 128413.

[223] Wu H, Guo H, Zhang B, et al. Westward movement of new polluting firms in China: Pollution reduction mandates and location choice [J]. Journal of Comparative Economics, 2017, 45 (1): 119 -138.

[224] Wu R, Dai H, Geng Y, et al. Economic impacts from $PM_{2.5}$ pollution-related health effects: A case study in Shanghai [J]. Environmental Science & Technology, 2017, 51 (9): 5035 -5042.

[225] Wu R, Liu F, Tong D, et al. Air quality and health benefits of China's emission control policies on coal-fired power plants during 2005 - 2020 [J]. Environmental Research Letters, 2019, 14 (9): 094016.

[226] Wu S, Deng F, Niu J, et al. Association of heart rate variability in taxi drivers with marked changes in particulate air pollution in Beijing in 2008 [J]. Environ Health Perspect, 2010, 118 (1): 87 -91.

[227] Wu X, Gao M, Guo S, et al. Effects of environmental regulation on air pollution control in China: A spatial Durbin econometric analysis [J]. Journal of Regulatory Economics, 2019, 55 (3): 307 -333.

[228] Xia Y, Guan D, Jiang X, et al. Assessment of socioeconomic costs to China's air pollution [J]. Atmospheric Environment, 2016, 139: 147 - 156.

[229] Xie T, Yuan Y, Zhang H. Information, awareness, and mental health: Evidence from air pollution disclosure in China [J]. Journal of Environmental Economics and Management, 2023, 120: 102827.

[230] Xing Y, Kolstad C D. Do lax environmental regulations attract foreign investment? [J]. Environmental and Resource Economics, 2002, 21 (1): 1 - 22.

[231] Xu J, Wang J, Wimo A, et al. The economic burden of mental disorders in China, 2005 - 2013: Implications for health policy [J]. Bmc Psychiatry, 2016, 16.

[232] Xue T, Zhu T, Zheng Y, et al. Declines in mental health associated with air pollution and temperature variability in China (vol 10, 2165, 2019) [J]. Nature Communications, 2019, 10.

[233] Yin H, Pizzol M, Xu L. External costs of $PM_{2.5}$ pollution in Beijing, China: Uncertainty analysis of multiple health impacts and costs [J]. Environmental Pollution, 2017, 226: 356 - 369.

[234] Zhai M, Huang G, Liu L, et al. Economic modeling of national energy, water and air pollution nexus in China under changing climate conditions [J]. Renewable Energy, 2021, 170: 375 - 86.

[235] Zhang F, Xing J, Zhou Y, et al. Estimation of abatement potentials and costs of air pollution emissions in China [J]. Journal of Environmental Management, 2020, 260: 110069.

[236] Zhang H, Chen J, Wang Z. Spatial heterogeneity in spillover effect of air pollution on housing prices: Evidence from China [J]. Cities, 2021, 113: 103145.

[237] Zhang J, Jiang H, Zhang W, et al. Cost-benefit analysis of China's Action Plan for Air Pollution Prevention and Control [J]. Frontiers of Engineering Management, 2019, 6 (4): 524 - 537.

[238] Zhang J, Mu Q. Air pollution and defensive expenditures: Evidence from particulate-filtering facemasks [J]. Journal of Environmental Economics and Management, 2018, 92: 517 - 536.

[239] Zhang P, Feng K, Yan L, et al. Overlooked CO2 emissions induced by air pollution control devices in coal-fired power plants [J]. Environmental Science and Ecotechnology, 2023: 100295.

[240] Zhang Q, Jiang X, Tong D, et al. Transboundary health impacts of transported global air pollution and international trade [J]. Nature, 2017, 543 (7647): 705.

[241] Zhang T, Wu Y, Guo Y, et al. Risk of illness-related school absenteeism for elementary students with exposure to $PM_{2.5}$ and O3 [J]. Science of The Total Environment, 2022, 842: 156824.

[242] Zhang X, Chen X, Zhang X. The impact of exposure to air pollution on cognitive performance [J]. Proceedings of the National Academy of Sciences, 2018, 115 (37): 9193 - 9197.

[243] Zhang X, Ou X, Yang X, et al. Socioeconomic burden of air pollution in China: Province-level analysis based on energy economic model [J]. Energy Economics, 2017, 68: 478 - 489.

[244] Zhang X, Yang Q, Xu X, Zhang N. Do urban motor vehicle restriction policies truly control urban air quality [J]. Transportation Research Part D: Transport and Environment, 2022, 107: 103293.

[245] Zhang X, Zhang X, Chen X. Happiness in the air: How does a dirty sky affect mental health and subjective well-being? [J]. Journal of Environmental Economics and Management, 2017, 85: 81 - 94.

[246] Zhang Y, Zhang Q, Hu H, et al. Accountability audit of natural resource, government environmental regulation and pollution abatement: An empirical study based on difference-in-differences model [J]. Journal of Cleaner Production, 2023, 410: 137205.

[247] Zhang Z, Shang Y, Zhang G, et al. The pollution control effect of the atmospheric environmental policy in autumn and winter: Evidence from the daily data of Chinese cities [J]. Journal of Environmental Management, 2023, 343: 118164.

[248] Zheng S M, Yi H T, Li H. The impacts of provincial energy and environmental policies on air pollution control in China [J]. Renewable & Sustainable Energy Reviews, 2015, 49: 386 - 394.

[249] Zheng Y, Xue T, Zhang Q, et al. Air quality improvements and health benefits from China's clean air action since 2013 [J]. Environmental Research Letters, 2017, 12 (11).

[250] Zhong N, Cao J, Wang Y. Traffic congestion, ambient air pollution,

and health: Evidence from driving restrictions in Beijing [J]. Journal of the Association of Environmental and Resource Economists, 2017, 4 (3): 821 – 856.

[251] Zou G, Lai Z, Li Y, et al. Exploring the nonlinear impact of air pollution on housing prices: A machine learning approach [J]. Economics of Transportation, 2022, 31: 100272.

附　录

表 1　　剔除掉 AQI 位于 [90，110] 区间的数

项目	(1)	(2)	(3)
	AQI	AQI	AQI
Group × Policy	−14.531***	−15.429***	−7.578***
	(2.309)	(2.237)	(2.806)
控制变量	Yes	Yes	Yes
城市固定效应	No	Yes	Yes
时间固定效应	No	No	Yes
观测值	67 549	67 549	67 549
R^2	0.302	0.284	0.680

注：括号内为稳健标准误；*** 表示 $p<0.01$。

表 2　　空气污染程度对联防联控政策效果的影响

项目	(1)	(2)	(3)
	AQI	AQI	AQI
Group × Policy × Pollution	−11.877***	−13.268***	−15.028***
	(3.078)	(3.118)	(3.223)
控制变量	Yes	Yes	Yes
城市固定效应	No	Yes	Yes
时间固定效应	No	No	Yes
观测值	82 125	82 125	82 125
R^2	0.280	0.259	0.645

注：括号内为稳健标准误；*** 表示 $p<0.01$。

表 3　　离省会距离对联防联控政策效果的影响

项目	(1)	(2)	(3)
	AQI	AQI	AQI
Group × Policy × Distance	0.003 (0.024)	0.012 (0.027)	0.014 (0.028)
控制变量	Yes	Yes	Yes
城市固定效应	No	Yes	Yes
时间固定效应	No	No	Yes
观测值	82 125	82 125	82 125
R^2	0.278	0.257	0.643

注：括号内为稳健标准误。

表 4　　地区生产总值差异对大气污染治理效果的影响

项目	(1)	(2)	(3)
	AQI	AQI	AQI
Group × Policy × lnGDP	-0.044 (1.934)	-0.750 (1.956)	-1.708 (1.982)
控制变量	Yes	Yes	Yes
城市固定效应	No	Yes	Yes
时间固定效应	No	No	Yes
观测值	82 125	82 125	82 125
R^2	0.272	0.257	0.643

注：括号内为稳健标准误。

表 5　　2018 年"2 + 26"城市各健康终端单位经济价值　　单位：万元/人

城市	VSL	心血管疾病	呼吸系统疾病	慢性支气管炎	急性支气管炎	哮喘
北京	698.33	108.26	108.26	223.47	108.26	108.26
天津	451.75	70.03	70.03	144.56	70.03	70.03
石家庄	300.79	46.63	46.63	96.25	46.63	46.63
唐山	339.05	52.56	52.56	108.50	52.56	52.56
廊坊	345.92	53.63	53.63	110.70	53.63	53.63
保定	239.66	37.15	37.15	76.69	37.15	37.15
沧州	260.50	40.38	40.38	83.36	40.38	40.38
衡水	219.69	34.06	34.06	70.30	34.06	34.06
邢台	220.25	34.14	34.14	70.48	34.14	34.14

续表

城市	VSL	心血管疾病	呼吸系统疾病	慢性支气管炎	急性支气管炎	哮喘
邯郸	265.91	41.22	41.22	85.09	41.22	41.22
太原	353.07	54.73	54.73	112.98	54.73	54.73
阳泉	295.17	45.76	45.76	94.45	45.76	45.76
长治	267.12	41.41	41.41	85.48	41.41	41.41
晋城	268.92	41.69	41.69	86.06	41.69	41.69
济南	461.08	71.48	71.48	147.55	71.48	71.48
淄博	390.93	60.60	60.60	125.10	60.60	60.60
济宁	290.98	45.11	45.11	93.11	45.11	45.11
德州	232.85	36.10	36.10	74.51	36.10	36.10
聊城	246.83	38.26	38.26	78.99	38.26	38.26
滨州	299.59	46.44	46.44	95.87	46.44	46.44
菏泽	210.15	32.58	32.58	67.25	32.58	32.58
郑州	372.85	57.80	57.80	119.31	57.80	57.80
开封	223.09	34.58	34.58	71.39	34.58	34.58
安阳	257.42	39.91	39.91	82.37	39.91	39.91
鹤壁	271.64	42.11	42.11	86.93	42.11	42.11
新乡	265.03	41.09	41.09	84.81	41.09	41.09
焦作	280.08	43.42	43.42	89.62	43.42	43.42
濮阳	222.04	34.42	34.42	71.05	34.42	34.42

表 6 2019 年“2 +26”城市各健康终端单位经济价值 单位：万元/人

城市	VSL	心血管疾病	呼吸系统疾病	慢性支气管炎	急性支气管炎	哮喘
北京	878.10	163.87	163.87	280.99	163.87	163.87
天津	549.55	102.55	102.55	175.86	102.55	102.55
石家庄	380.18	70.95	70.95	121.66	70.95	70.95
唐山	428.71	80.00	80.00	137.19	80.00	80.00
廊坊	437.96	81.73	81.73	140.15	81.73	81.73
保定	323.51	60.37	60.37	103.52	60.37	60.37
沧州	329.45	61.48	61.48	105.42	61.48	61.48

续表

城市	VSL	心血管疾病	呼吸系统疾病	慢性支气管炎	急性支气管炎	哮喘
衡水	285.98	53.37	53.37	91.51	53.37	53.37
邢台	289.50	54.02	54.02	92.64	54.02	54.02
邯郸	328.80	61.36	61.36	105.22	61.36	61.36
太原	434.97	81.17	81.17	139.19	81.17	81.17
阳泉	363.26	67.79	67.79	116.24	67.79	67.79
长治	333.44	62.22	62.22	106.70	62.22	62.22
晋城	335.62	62.63	62.63	107.40	62.63	62.63
济南	551.67	102.95	102.95	176.54	102.95	102.95
淄博	486.55	90.80	90.80	155.70	90.80	90.80
济宁	363.59	67.85	67.85	116.35	67.85	67.85
德州	293.00	54.68	54.68	93.76	54.68	54.68
聊城	279.96	52.24	52.24	89.59	52.24	52.24
滨州	369.57	68.97	68.97	118.26	68.97	68.97
菏泽	267.92	50.00	50.00	85.73	50.00	50.00
郑州	465.80	86.92	86.92	149.06	86.92	86.92
开封	282.46	52.71	52.71	90.39	52.71	52.71
安阳	319.42	59.61	59.61	102.21	59.61	59.61
鹤壁	338.32	63.13	63.13	108.26	63.13	63.13
新乡	318.32	59.40	59.40	101.86	59.40	59.40
焦作	351.42	65.58	65.58	112.45	65.58	65.58
濮阳	279.83	52.22	52.22	89.54	52.22	52.22

后　记

改革开放以来，我国经济发展取得举世瞩目的成就。与此同时，长期粗放式的经济增长模式也带来了严重的空气污染问题。2013 年，国务院印发《大气污染防治行动计划》（又称《大气十条》），突出区域联防联控思维，狠抓大气污染防治。经过 5 年的努力，京津冀、长三角、珠三角地区的 $PM_{2.5}$浓度明显下降，《大气十条》提出的空气质量改善目标全面实现。为了有效衔接“十三五”规划中对于环境空气质量的要求，保证大气污染治理的常态化，国务院于 2018 年印发《打赢蓝天保卫战三年行动计划》，对 2018 ~ 2020 年的大气污染防治工作进行部署。2021 年 11 月，中共中央、国务院印发《关于深入打好污染防治攻坚战的意见》，对“十四五”时期的大气污染防治工作进行安排。

我国大气污染治理取得突出成就，但目前学术界对大气污染防治政策的评估还不充分，缺乏统一的评估分析框架，无法有效支撑大气污染防治的政策实践。基于此，笔者从 2017 年开始研究大气污染防治问题，科学评估大气污染联防联控政策的效果，深入研究联防联控政策的成本效益，以期为相关部门完善大气污染防治政策提供参考。经过 5 年的研究和写作，终于完成了本书。

在研究过程中得到北京理工大学廖华教授、唐葆君教授、赵鲁涛教授、余碧莹教授、马晓微教授，北京师范大学刘兰翠教授以及山西财经大学相关老师的帮助和指导，在此对这些专家和学者表示衷心感谢和崇高敬意。

本书得到国家自然科学基金项目（72103113）和山西省高等教育“1331 工程”提质增效建设计划服务转型经济产业创新学科集群建设项目的资助，在此一并致谢。

朱治双

2024 年 9 月